直播丰产建园现状

丰产现状

优势花序坐果（1）

优势结果枝结果　　　　　　　　优势花序坐果（2）

裂果病　　　　　　　　　　　　腐烂病

白腐病　　　　　　　　　　　　黑腐病

《骏枣品质形成与调控研究》编委会

主任　郑强卿

编委　支金虎　王晶晶

　　　王文军　姜继元　陈奇凌

骏枣品质形成与调控研究

郑强卿 编著

兰州大学出版社
LANZHOU UNIVERSITY PRESS

图书在版编目（CIP）数据

骏枣品质形成与调控研究 / 郑强卿编著. -- 兰州 ：
兰州大学出版社，2021.8
ISBN 978-7-311-06042-8

Ⅰ．①骏… Ⅱ．①郑… Ⅲ．①枣—果树园艺—研究
Ⅳ．①S665.1

中国版本图书馆CIP数据核字(2021)第163614号

责任编辑　米宝琴
封面设计　张珂源

书　　名　骏枣品质形成与调控研究
作　　者　郑强卿　编著
出版发行　兰州大学出版社　（地址:兰州市天水南路222号　730000）
电　　话　0931-8912613(总编办公室)　0931-8617156(营销中心)
　　　　　0931-8914298(读者服务部)
网　　址　http://press.lzu.edu.cn
电子信箱　press@lzu.edu.cn
印　　刷　甘肃发展印刷公司
开　　本　710 mm×1020 mm　1/16
印　　张　12.25(插页12)
字　　数　221千
版　　次　2021年8月第1版
印　　次　2021年8月第1次印刷
书　　号　ISBN 978-7-311-06042-8
定　　价　36.00元

花叶病

灰斑病

缺铁症（1）

缺铁症（2）

缺镁症

缩果病

枣疯病

炭疽病

锈病

单轴主干树形

多主枝树形

木质化枣吊结果（1）

木质化枣吊结果（2）

宽行密植栽培树形

宽行稀植栽培模式

宽行密植栽培模式（1）　　　　　　　　宽行密植栽培模式（2）

滴灌骏枣栽培模式（1）　　　　　　　　滴灌骏枣栽培模式（2）

滴灌优化配方施肥

前　言

　　《全国农业可持续发展规划（2015—2030年）》指出，加快发展资源节约型、环境友好型和生态保育型农业，切实转变农业发展方式，从依靠拼资源消耗、拼农资投入、拼生态环境的粗放经营，尽快转到注重提高质量和效益的集约经营上来，确保国家粮食安全、农产品质量安全、生态安全和农民持续增收，努力走出一条中国特色农业可持续发展道路。新疆凭借得天独厚的自然条件优势，成为我国新兴的优质干枣生产基地。特别是20世纪60—80年代引进品种42个，加之以前的引入，共计49个品种。目前从各市地州规模化发展的主栽品种构成来看，绝大多数以分布在南疆四地州的灰枣、骏枣为主，均为内地引进品种。栽培以滴灌直播矮化密植为主，有别于国内其他传统乔化稀植栽培。

　　新疆生产建设兵团凭借枣产业的快速发展，实现了农业结构调整的重大突破，成为继棉花之后的又一成功典范。据统计，2018年，兵团红枣种植面积达到2354.7万公顷，占全疆29.5%，占全国3.1%；兵团红枣产量188.19万吨，占全疆52.1%，占全国21.44%，兵团红枣种植面积占兵团林果总面积的51.9%；总产值112亿元，占兵团农业总产值的12.4%，占农林牧渔业总产值9.4%；职工种植红枣收益相对稳定，覆盖农户约7.5万余人。目前兵团红枣的种植面积基本保持稳定状态，现已到了提升红枣品质，由规模扩张型向提高质量效益和资源有效利用兼顾的集约经营方向转变的关键时候。

　　被誉为中华第一枣的新疆骏枣，凭借果形大、皮薄、肉厚、口感甘甜醇厚的显著特征受到广大消费者的青睐，在兵团的种植面积约占红枣总面积的40%。但从目前发展现状看，仍然存在着产量居高不下，品质持续下降，主要体现在骏枣果实不饱满，等级率不高，根源在于骏枣的成花困难，花期不一致，优势花序开放不集中，坐果层次不齐。从植物发育生理学分析，主要表现在：一是枣树随树龄的增加，高密度枣园的光能利用率不高，管理难度增加。高密度枣园植株之间结果枝组交错重叠，封行郁闭严重，树冠内膛空虚、枯枝增多、树势衰弱，结果部位外移，病虫害严重，投入大，效益低。二是枣树营养生长与生殖生长不平衡、生理代谢紊乱。现行条件下南疆枣树营养生长阶段恰逢棉花播种用水高峰期，此时枣树对水分的需求不能满足。另外，长期不合理的灌溉方式造成枣树根系整体靠近地表，能输送营养的须根很不发达，枣树从地下汲取营养的能力很微弱，造成大量的肥料投入存在严重的浪费现象；或者由于连续长期不科学的投入，造成营养拮抗作用，导致枣园肥力水平下降。

鉴于以上原因，本书结合课题组十多年的研究成果，重点从骏枣的树形改造、种植模式、优势花序管理、滴灌水肥高效利用以及常见病虫害的防治等方面进行了总结。本书的内容是长期研究成果的积累，试验资料和数据量较大，难免出现疏漏和错误之处，望广大读者批评指正。另外，本书在编写过程中参考了大量专家学者的文献，若在参考文献中没有罗列到，敬请各位老师谅解。

作　者
2021年4月

目　录

第一章　概述

第一节　果实品质研究进展

　　品质是影响农作物产品市场竞争力的重要因素。目前国际农产品市场竞争形态已从原来的价格竞争转向质量竞争（严琳霞等，2005）。苹果是我国为数不多的能够"走出去"的农产品之一，但长期以来因果品均一性差、果形偏扁、着色度低、果面欠光滑、农药残留时有超标等质量问题而在国际市场上缺乏竞争力，出口鲜果量仅占年产量的3%（束怀瑞，2003）。目前，随着果树生产的发展和消费水平的提高，在增加产量的同时，果树生产者和研究者已日益注重果实品质的提高，以增强市场竞争力，提高经济效益。改良果实品质的应用与基础研究从20世纪80年代以来成为国际果树学研究领域的一个主流趋向，我国21世纪面临的主要问题也是提高果实品质（潘腾飞，2006）。果实品质的形成和调控，已经成为果树学研究的一个重要领域。

　　果实中糖酸含量、糖酸比和色泽等因子是决定其品质最重要的指标，但果实品质在很大程度上取决于糖的种类和含量（Teixeira，2005）。糖不仅影响果实甜度，还是酸、类胡萝卜素和其他营养成分及芳香物质等合成的基础（王贵元，2007）。糖也是植物生命活动包括果实生长发育的基础物质。糖还有其他重要的生理功能，如为果实细胞膨大提供渗透推动力（Stadler，1999）。糖含量高低是决定果实品质的重要因子。果实积累的糖分分为单糖、双糖和多糖，单糖主要是葡萄糖和果糖，蔗糖是主要的双糖，淀粉和纤维素是主要的多糖（万仲武，2013）。果实的风味品质主要取决于糖的种类、含量和配比，研究证实，果糖的甜度最高，葡萄糖的甜度最低，蔗糖的甜度介于果糖和葡萄糖之间，其中，风味最好的要数葡萄糖（王晨，2009）另有少量糖醇如山梨醇、肌醇,蔗糖是果实中糖分积累的主要形式,其积累过程涉及光合产物的运输、卸载、代谢、转化和贮存。

一、糖分种类、分布、卸载与转化

糖类主要来源于叶片的光合作用产物,在果树中糖类被运输到果实后,按照糖积累的类型及特点,大致可将果实分为淀粉转化型、糖直接积累型和中间类型几种(陈俊伟等,2004)。依照果实成熟过程中所需要的各类糖分的含量,将果实划分为己糖积累型、淀粉转化型以及蔗糖积累型(周兆禧等,2014)。猕猴桃、香蕉和芒果等为淀粉转化型。柑橘品种(赵智中,2002)、温州蜜柑(陈俊伟,2001)以积累蔗糖为主,而甜来檬以积累己糖为主(陈俊伟,2000)。杏不同品种间,糖组分及总糖含量都存在较大差异,但均以蔗糖含量最高,果糖含量最低,表明杏果实以积累蔗糖为主(陈美霞,2006)。桃果实发育早期含大量果糖和葡萄糖,发育后期直至成熟主要含蔗糖,山梨醇和淀粉的含量一直很低且稳定(Vizzoto,1996)。红肉脐橙成熟时果肉中葡萄糖、果糖和蔗糖含量的比例约为1:1:2,表明它也以积累蔗糖为主(王贵元等,2007),为蔗糖积累型果实。苹果中的糖主要是果糖、葡萄糖和蔗糖,总糖、果糖、葡萄糖及蔗糖的含量均随果实发育成熟呈持续增加的趋势。红富士、贝拉苹果中果糖含量最高,葡萄糖次之,蔗糖最少(王永章,2001;王海波,2007),为己糖积累型。

大部分的葡萄糖与果糖都贮存在液泡当中,一些没有转化的山梨醇则贮存在液泡与质外空间当中,少量的蔗糖则贮存在胞质中(Yamaguchi,1996)。一些学者通过试验得出,苹果细胞各个区域当中所含的可溶性糖浓度分别为:胞质37 mmol/ L、液泡888 mmol/ L、质外空间57 mmol/ L(Yamaki,1984)。在葡萄等浆果类果实中,蔗糖的浓度很低,且主要集中在维管束组织区。浆果中存在着可溶性的、可与细胞壁结合的转化酶,将蔗糖转化为果糖和葡萄糖,果实成熟时已基本上无蔗糖(Davis,1996)。

糖的种类和含量的差异,使不同的果实具有不同的风味。在果实发育过程中蔗糖与葡萄糖和果糖的变化不一致,果实不同部位糖积累也不一样。温州蜜柑果实汁囊中蔗糖的积累速度始终高于果糖和葡萄糖,而在果皮组织中3种糖的含量一直比较接近;成熟时汁囊中的蔗糖、果糖和葡萄糖分别占可溶性糖的65%、20%和14%(Komatsu,2002)。"马叙"葡萄柚果实在膨大中期之前,汁囊中的蔗糖含量明显高于白皮层、维管束和囊瓣皮,之后下降。

白皮层、维管束和囊瓣皮中的蔗糖含量上升并超过汁囊，成熟时汁囊中的蔗糖和己糖分别占可溶性总糖的45%和55%（Lowell，1989）。

果实糖积累的主要来源是叶片同化的光合产物，为适应糖从源（光合产物）到库（光合产物净输入）器官的长距离运输的需要，陆生植物在演化中形成了庞大的维管网络——韧皮部。在韧皮部汁液中蔗糖是最丰富的化合物，也是光合产物主要的运输形态，通过韧皮部运输进入果实代谢与积累（张上隆，2007）。糖类从韧皮部卸载到果实，有质外体（Konishi，2004；Oparka，1990；Aoki，2006）和共质体（Davis，1995；Oparka，1988；Ruan，1996）两种途径。这两种途径或者在同一植物的同一器官中共存，或者在不同的时期出现或相互转换（张永平，2008）。共质体途径是指蔗糖从韧皮部卸出到果实非维管组织及在非维管组织内部运输，是借助于胞间连丝从一个细胞扩散到另一个细胞，不离开共质体空间，不经过任何膜运转步骤就到达目的地。质外体途径是依赖于特异的运输蛋白，将糖从质外体空间穿膜运入贮藏薄壁细胞中（Damon，1988）。液泡是细胞内主要的贮存器官，贮存着丰富的糖类以供果实满足各种代谢活动的需要。伏令夏橙果实内75%的葡萄糖、果糖和全部的蔗糖均贮存于液泡中（王利芬，2004）。苹果中糖的主要成分葡萄糖和果糖几乎都在液泡中（Ymaki，1984）。

二、糖分积累机制与调节

（一）关键酶调节

果实内糖分积累的种类和含量决定了果实的品质，果实获得同化物的能力在很大程度上取决于库强，库强的大小常决定于糖代谢相关酶的活性（Sun，1992）。果实内的蔗糖代谢相关酶主要为转化酶（Invertase，Ivr）、蔗糖合成酶（Sucrose Synthase，SS）和蔗糖磷酸合成酶（Sucrose Phosphate，SPS）。

Ivr是一种水解酶，它能将蔗糖裂解成2种单糖（Klann，1996；Sturm 1999），包括酸性转化酶（Acid Invertase，AI）、中性转化酶（Neutral Invertase，NI）和碱性转化酶（Alkaline Invertase）。AI又可分为可溶性和不溶性2种，前者分布在液泡中或细胞自由空间，调节果实内糖的积累和液泡中蔗糖的利用，后者存在于细胞间隙并结合在细胞壁上，主要参与韧皮部质外体卸载时蔗糖的分解，以保持源库之间蔗糖的浓度（王永章，2001）。NI也包括可溶性的NI和不可溶性的NI 2种类型，分别存在于细胞质和细胞壁上（张明方，2002；Klann，1996）。因为在植物中糖类不仅是营养物质，也是重要的基因表达调节因子，Ivr可能间接调节细胞的生长发育。

不同种类的果实，蔗糖代谢酶在糖积累中的作用也有差异，并且决定了果实中积累的糖的成分。苹果糖代谢可能受到酸性转化酶（AI）和蔗糖合成酶（SS）的调控，在苹果果实的发育前期，可溶性的AI和细胞壁结合的AI活性与此阶段果实中可溶性糖的积累量呈显著的负相关。发育后期，SS与蔗糖的积累水平呈显著的正相关（Beruter，1997）。有些果实成熟过程中蔗糖的积累和SPS活性的升高密切相关。Northern杂交结果表明，在成熟期，柑橘可食组织和猕猴桃果实中SPS转录产物的积累与SPS活性升高相一致（Komatsu，1999；Langenkgamper，1998）。高蔗糖积累型日本梨'Chojuro'成熟过程中SPS和SS的总活性和蔗糖的积累相一致；低蔗糖积累型中国梨'鸭梨'成熟过程中SPS和SS的活性没有升高。梨果实中蔗糖含量与SS活性的相关性高，与SPS活性的相关性低，因此，梨果实中蔗糖的积累主要依赖于SS（Moriguchi，1998）。

SS是一种存在于细胞质中的可溶性酶，是由分子量为83–100 kD的亚基构成的四聚体（吴平，2000）。SS在UDP存在的条件下，催化将蔗糖转化成UDPG和果糖，具有合成与分解蔗糖的双重作用。SPS为催化合成蔗糖的酶，它催化UDPG和6-磷酸果糖合成蔗糖磷酸，然后在磷酸酯酶作用下生成蔗糖，后一步反应是不可逆的（罗霄，2008）。对23种梨的研究发现，果实中SS的活性与蔗糖的相关系数为0.663，而SPS的仅为0.445（Moriguchi，1992）；对桃（范爽，2006）、梨（Hashizume，2003）和香蕉（Cordenunsi，1995）等果实进行研究表明，SS对蔗糖积累所起的作用和SPS差异较大。SS具有不同的同工型，不同类型植物中对蔗糖的作用不同（柴叶茂，2001）。在梨中发现了SS有两种同工型SSⅠ和SSⅡ，它们分子量相同，催化性质却存在明显差异。成熟果实中SSⅡ是蔗糖积累的重要因子，它较SSⅠ更容易催化蔗糖合成；未成熟果实中的SSⅠ更接近典型的SS，分解蔗糖占主导趋势。可见SSⅠ和SSⅡ分别在未成熟和成熟果实碳水化合物的利用中发挥作用（张永平，2008）。

Ivr、SPS和SS都与蔗糖代谢有关，果实中蔗糖、葡萄糖和果糖的含量主要是由这3种酶来共同作用。温州蜜柑果实内蔗糖的含量也与酶的净活性（SPS+SS$_{合成}$-AI-NI-SS）密切相关，蔗糖代谢相关酶的综合作用是影响糖分积累的重要因子（赵智中，2001）。

（二）基因调节

酶活力在果实发育不同阶段和果实不同部位是不同的，可能与酶基因的表达时间和空间有关。近来有人提出蔗糖在植物体内运输具有携带信号给基因的功能，即糖可以使一些基因被诱导，使另一些基因被阻遏（Koch，1996；Smeekens，1997）。当植株中碳水化合物缺乏时，产生正调节，使光合作用、再运输和输出的基因表达增强，而使贮藏和利用碳水化合物基因的mRNA减少；当植株中碳水化合物丰富时，通过基因阻遏和诱导相结合，起与缺乏时相反的作用（Koch，1996）。

在果树中，糖含量的高低取决于与糖的生物合成、代谢和运输相关基因的表达，如 *SUSY* 和 *AINV* 基因参与调控蔗糖的分解（Ma，2017）。前人研究发现，*SWEET* 基因家族的成员多与果实中糖的积累相关，并且在不同物种中所起到的调控作用以及表达量的高低都不同（Lin，2014）。糖类 *SWEETS* 基因还能影响花粉发育（Guan，2008；Sun，2013）、种子充填（Chen，2015；Sosso，2015）、植物的抗逆和衰老（Klemens，2013；Zhou，2014）以及调节植物赤霉素反应（Kanno，2016）和宿主-病原体相互作用等各种生理过程（Chen，2014）。

蔗糖含量的积累过程却是复杂多变的，因为受到蔗糖水解、再合成和转运等相关基因的调控（韩佳欣，2020）。据参与果糖代谢的 *MdFRK* 基因编码蛋白的特性及其对糖含量的调控机制研究，发现 *MdFRK2* 对果糖具有较强的亲和力和催化活性，是苹果中果糖磷酸化的主导基因，决定了果糖激酶（fructokinase，FRK）的活性，进而影响果实中果糖、葡萄糖和蔗糖的含量（Yang，2018）。另外，*MdFRK2* 过表达可导致蔗糖浓度降低，使参与蔗糖降解途径的基因表达水平下调，最终导致果糖、蔗糖和葡萄糖浓度下降（韩佳欣，2020）。

（三）跨质膜和液泡膜糖载体调节

物质的主动运输分两种情况：一种与能量直接相关，称为初级主动运输（primary active transport），运输过程中同时伴随着ATP分解，提供能量；另一种与能量间接相关，称为次级主动运输（secondary active transport），需要一ATP分子逆能量梯度运输，同时伴随另一分子ATP顺能量梯度运输，这一运输过程需要协同载体（cotransporter）的催化，两个分子的运输方向相同时称为同向运输（symport），相反时称为反向运输（antiport），单一分子的运输不论是主动的，还是被动的，均称为单向运输（uniport）（吕英民，2000）。

细胞质膜上糖的运输同时存在主动和被动过程。被动运输不需要能量，运输的方向是底物浓度较低的区域。被动运输有两种机制，一种是简单扩散（simple diffusion），即分子直接跨过脂类双分子层；另一种是协助扩散（facilitated diffusion），即分子结合到膜蛋白上，由膜蛋白运输，运输方向主要由底物的浓度梯度决定。简单扩散的速率是非饱和的，并直接与底物的浓度成正比，不受代谢抑制剂和结构类似物的影响。主动运输由质膜上的电化学梯度所驱动，H^+-ATPase 催化 H^+ 的方向性运输，从而在质膜内外建立 Δx_{pH}（胞外为酸性）和 $\Delta\psi$（胞内为负）。在已知的糖的跨质膜的主动运输过程中均存在 H^+-糖的同向运输载体（symporter），研究最深入的是 H^+-蔗糖和 H^+-葡萄糖，蔗糖跨质膜是由载体介导，并伴随质子的同向运输（吕英民，2000）。苹果果实果肉细胞原生质体吸收山梨醇，随着山梨醇浓度的提高可达到饱和，并且受糖载体抑制剂对氯高汞苯磺酸（p-chloromercuribenzenesul-phonic acid，PCMBS）的抑制（Yamaki，1991）。用完整的苹果果实研究发现，PCMBS 抑制山梨醇的吸收达 29%，竞争物蔗糖抑制山梨醇的吸收为 57%，甘露醇抑制山梨醇的吸收为 39%（Beruter，1995）。此外在苹果果实的质外空间含有高浓度的山梨醇，这些结果支持了山梨醇跨质膜需要载体介导的说法。

植物细胞的中央液泡占细胞体积的 80%～90%，它是果实中可溶性糖的主要贮存场所。糖跨液泡膜运输也是主动和被动两个过程同时存在。主动运输的能量来自液泡 ATPase（V-Type ATPase）和 PPase 产生的 H^+ 的跨液泡膜梯度，液泡膜上存在糖运输的反向运输载体（antiporter）和单向运输载体（uniporter）。ATP 促进葡萄糖的类似物 3-O-甲基葡萄糖进入离体的液泡，此种促进作用被羰基氰化间氯苯腙（carbonyl cyanide mchlorophenylhydrazon，CCCP）所抑制，表明在液泡上存在 H^+ 驱动的葡萄糖的反向运输载体（Buckhout，1996）。3-O-甲基葡萄糖的吸收导致跨过液泡膜的 $\Delta\psi$ 去极化，并导致液泡内空间碱化。3-O-甲基葡萄糖的吸收和 H^+ 的释放的化学量为 1：1，其吸收被 CCCP 所抑制，液泡 H^+-ATPase 的抗体与 H^+-ATPase 反应后抑制糖的吸收，说明该过程是需要能量的主动过程（吕英民，2000）。

（四）渗透调节

果实在发育过程中的糖分主要通过主动的渗透调节来完成，渗透调节由可渗性的小分子物质完成，其能力与溶质的分子数有关，而与溶质的分子量无关。例如，在水分胁迫下，柑橘果实通过积累其可溶性碳水化合物的含量，以促使果实降低水势，因而水分进入细胞，膨压保持不变（王贵元，

2007）。

　　果实在发育过程中膨压保持不变，主要通过主动的渗透调节来完成。渗透调节由可溶性的小分子物质完成，渗透调节的能力与溶质的分子数有关，而与溶质的分子量无关。如处在水分胁迫下的柑橘果实依靠积累可溶性碳水化合物进入果实，以促使果实降低其渗透势并使水势降低，因而水分进入细胞，膨压保持不变（Yakushiji，1996）。苹果中山梨醇是重要的渗透调节物质，将苹果的离体原生质体和液泡置于不同浓度介质中时，观察到增加介质渗透溶质的浓度后，膨压降低，山梨醇的吸收速率也同时下降。在高膨压下山梨醇和蔗糖的运输对PCMBS的抑制敏感，但用聚乙二醇或甘露醇增加介质的渗透浓度时，运输下降，PCMBS抑制的运输（依靠载体的运输）不再发生，可见膨压参与载体的调节。在完整果实中，膨压取决于质外空间的溶质浓度，苹果果实质外体中溶质的浓度比较低，表明有高的膨压，膨压下降时山梨醇的吸收也下降（Wang，1996）。

　　（五）激素调节

　　现代分子生物学的研究表明，植物乃至某一器官的生长发育过程都是由一系列特定基因的时空表达控制的，作为普遍存在于植物体内的、具有重要生理功能的微量活性调节物质—植物激素，是通过调节基因的表达来实现其作用的（倪德祥，1992）。碳水化合物的积累与代谢的各个环节都有激素的参与调控（夏国海，2000）。内源植物激素是植物器官间、组织间、胞间信息传递和胞内信号传导系统中最基本的组成成分，在各种水平上调节许多植物生理过程。它对植物体内碳同化物分配的调节涉及源至库之间的每一个环节，如韧皮部的有效横切面积、筛板上筛孔的大小、胞间连丝的通透性、糖在源中的装载和在库中的卸载，以及在库细胞中的代谢等（Nguyen-Quoc，2001）。

　　1.生长素（IAA）

　　生长素（auxin）是最早被发现的植物激素，是一个以吲哚环为基础的简单小分子。IAA调节植物细胞分化、分裂和伸长、维管组织分化、器官分化和极性建成，以及植物对外部环境的反应，参与植株从胚胎发育、形成，根系形成，叶发育，花序分枝，花发育及结实的整个生长过程的调控。在果实糖代谢的调控中，IAA可能通过影响质膜ATP酶的活性，来控制韧皮部内钾离子的浓度，最终影响膨压与蔗糖在韧皮部内的长距离运输，使光合产物向"库"端和施用IAA的部位积累（李合生，2006）。在果实糖代谢过程中，

IAA 主要促进果实对蔗糖的吸收，在促进草莓果实吸收蔗糖过程中，IAA 既可增强载体运输，又能促进蔗糖向果肉细胞扩散。IAA 具有能促进山梨醇主动进入库细胞的能力，主要通过促进膜上的 H^+-ATPase 的合成，增加组织 H^+ 外漏来起作用的（杨洪强，1999）。IAA 通过提高 PCMBS 敏感型和非敏感型吸收而促进糖的积累，ABA 只通过促进 PCMBS 非敏感型吸收而促进内糖的积累，即 IAA 与膜上载体和关键酶的调节均有关，ABA 则与膜上载体无关，但可能与关键酶的调节有关。对葡萄果实的研究发现，IAA 促进了果实蔗糖的输入，但其主要参与调控果实前期的发育，随着果实的发育其作用越来越小，果实发育后期主要受控于 ABA（夏国海，2000）。

2.赤霉素（GA）

赤霉素（gibberellin，GA）是一类双萜类化合物的植物激素，在种子萌发、下胚轴和茎秆伸长、叶片延展、表皮毛状体发育、开花时间、花器官发育以及果实成熟等方面具有重要作用。GA_3 可以明显改变碳水化合物代谢过程和果实糖的成分。在成熟时，有核果实的蔗糖、葡萄糖和果糖占总糖的百分比分别为 22%、36% 和 42%，而 GA_3 处理后 3 种糖占总糖的百分比为 9%、42% 和 49%，表明 GA_3 诱导处理对蔗糖积累的降低更为明显，其原因主要是由于 GA_3 处理抑制了 SPS、SS（合成活性）的作用（石雪晖，1999）。在葡萄上，GA 可诱导果型偏小的葡萄，但继续进行 GA 处理能促进果型增大，研究表明，促进无籽葡萄品种的果型增大和品质提高是通过增加转化酶的活力来实现的（陈俊伟，2006）。可见赤霉素对果实糖代谢的影响是通过影响蔗糖代谢相关酶的活性而间接作用的。

3.脱落酸（ABA）

脱落酸（abscisic acid）是属于 15 个碳原子的萜类化合物。ABA 促进糖分在作物库器官中积累的机制，主要有以下几种理论：①ABA 通过调节蔗糖-质子共运输体相联系的 ATPase 活性直接促进糖分的维管束卸载。②ABA 可增加转化酶活性，促进蔗糖的分解。③ABA 可防止库组织贮藏细胞糖分外渗。④ABA 可启动和促进与成熟相关的物质代谢过程（夏国海，2000）。

ABA 是影响果实糖含量的一个重要因素，它可以强化库活力，促进光合产物在库组织中积累，外源 ABA 处理可以提高果实糖含量（齐红岩，2001）。经 ABA 处理的果实在整个生长期间，糖分积累速率均高于对照，花后 40 d 含量已超出对照，后期其对糖分积累的促进作用更为显著（吴俊，2003）。夏国海等（2000）研究结果同样表明，ABA 从缓慢生长期到果实成熟，对蔗糖的吸收有明显促进作用，效果逐渐增大，至葡萄果实成熟时，ABA成为唯一显著促进果实糖分输入的激素。

ABA可以促进蔗糖和其他同化物进入甜菜、苹果、葡萄和草莓等果实的细胞。10^{-6} mol/L的ABA促进山梨醇进入苹果果实细胞的液泡，在离体苹果果实细胞液泡和组织块得到的结果相似（Yamaki，1991），ABA可能在卸载过程中起作用，即促进卸载。ABA可刺激苹果液泡膜上H^+-2 ATPase和糖的载体活性，从而促进糖跨过液泡膜主动吸收到液泡中去，这样可间接地减少糖从果实中的外流。此外ABA还可提高质膜的通透性，促使糖直接进入果实。

果实中花色苷的生物合成受植物激素ABA的调节，施加外源ABA可促进花色苷的生物合成，并调节果实成熟过程中的色素组成。有研究表明，糖可诱导一些基因表达，在果实成熟和衰老过程中，葡萄糖和果糖对类胡萝卜素的积累具有正调控的效应，对叶绿素合成有负调控作用（于洋，2016），目前ABA在国内外广泛应用于改善葡萄、桃、荔枝、橙、樱桃、草莓等水果果实的着色（卢文静，2018）。

4.乙烯（ETH）

乙烯（ethylene）是一种被人们熟知且已经被广泛应用于农业的小分子气体植物激素，其分子式为C_2H_4。它虽是一个简单的小分子有机化合物，但具有广泛参与调节植物生长、发育以及植物响应外界环境等一系列生物学过程，对糖代谢及糖积累也有着一定的调控作用。香蕉后熟过程中乙烯作用机理的研究表明，外源乙烯处理促进香蕉果实中淀粉到糖的转化，并促进了香蕉果实中乙烯的自我催化及合成，显著提高了淀粉酶、淀粉磷酸化酶和蔗糖磷酸合酶的活性，表明这些调控作用与蛋白磷酸化有关。王永章（2000）等人的研究表明，乙烯对果实中蔗糖含量的调控可能主要是通过对中性转化酶、蔗糖磷酸合酶与蔗糖合酶的影响来实现的。

各种激素及相关的生理活性物质均可在果实中产生，而且它们在果实生长发育及糖代谢中都有着特定的生理作用。在自然条件下，各种植物激素的效应间存在相互促进或相互拮抗的关系，果实生长发育的调节往往是多种激素共同作用的结果。外施ABA使果实中内源ABA含量提高，从而促进果实中乙烯的合成，乙烯可以通过影响细胞膜透性，增加糖分运输和积累（李明，2005）。赤霉素有促进IAA合成的作用，在整个生长期其含量明显提高。IAA可促进果肉细胞的膨大，赤霉素处理对于果实后期的膨大作用可能是通过IAA而起作用的。外源GA_3处理，提高了果实前期的ABA含量，ABA具有提高代谢库活性的作用。Beruter 对苹果果实的研究表明，在果实生长快的幼果中，ABA 含量较高，而在生长较慢的果实中，ABA 相对含量较低。前期 ABA 含量的增多有利于促进代谢库细胞对同化物的吸收（鲍江峰，2004；张玉，2004）。激素的调节作用可能表现在基因表达的不同水平上（转录、翻译和翻译后）调节与糖代谢相关的关键酶和运输糖的载体。但也有相反的报道（David，1996），所以植物内源激素在糖积累调节中的作用应深入研究。

（六）生态因子调节

果实品质的好坏，在很大程度上受栽培地生态环境因子的影响。生态因子是果树区划和栽培的依据，是果实产量和品质形成的基本条件之一。温度、光照、水分、土壤、地形等生态因子对果实品质有着重要影响。

1.温度

各种生态因子中，温度是研究较多、较重要的因素，它决定果树生存、生长、产量和品质的形成，它主要通过影响生理生化过程而最终影响产量和果实品质（郭碧云，2006）。果树只有在一定温度条件下才能生存、生长、发育，并且达到一定的产量、品质。温度对果实外观品质和内在品质都有重要作用（吴光林，1992），对果形、色泽、风味影响显著。温度主要是通过影响呼吸、蒸腾及光合作用的效率而影响碳水化合物的分配、转化和代谢途径，从而影响果实风味、着色、果形指数等一系列品质指标。相关研究指出苹果花后 15～16 d 若气候冷凉，则果实纵轴比横轴生长快，呈长形，果形指数（L/D）大（Shaw，1910）。温度还通过影响光合作用进而影响果实碳水化合物的积累，热量较高比热量较低的地区果实含糖量高，含酸量低。前人通过在苹果、樱桃和葡萄上的研究，一致认为热量较高地区，夏季昼温不是过高，日较差大，有利于光合作用，糖分积累多，有利于果实的着色、增加含糖量和风味（李雪红，2000）。温度对果实着色的影响，除昼夜温差大，日温适当外，还与苹果品种及成熟阶段有关。研究表明果实成熟期间花青苷的积累主要受温度影响，最佳积累温度为 15～25 ℃，主要是在此温度段，类胡萝卜素的合成和叶绿素的分解随温度升高而增加。

2.光照

光照是果实光合作用的能源，光照的强度和光质直接影响果实的品质。光照强度是影响苹果品质的主导因子，许多试验证明，苹果果实的着色面积、花青素、可溶性固形物含量及果实的糖酸比在一定的范围内与光照强度呈正相关。日照时数对果实的可溶性固形物和总糖含量等影响较大，紫光、青光可促进苹果着色（陆秋农，1980）。光照低，坐果率小，果个变小，品质下降，果实着色对光照最敏感，要使果实着色最佳，适宜光照水平为全日照的左右（Curtis，1992）。鲍江峰（2004）研究认为树冠外围光照良好的果实含糖量高于树冠内部光照不足的果实，而且果实在果树所处部位相对光合有效辐射值与果实着色呈极显著相关，对果实品质影响甚大，果实相对大，其果重、维生素、总糖和糖酸比也大。不同品种对光的需求各异，Tustin（1988）用澳大利亚青苹果试验，发现单果重和可溶性固形物含量随冠内透光率的提高呈抛物线型增加，当光强为全日照时达到最大，光强超过全日照时叶绿素含量减少。

3.水分

水是果树光合作用必需的，对果实品质有重要影响。水分影响果实大小、质地、汁液、风味和耐贮性等，果实在生长发育过程中如果水分条件不良，会导致果实品质下降，年降雨量在500～800 mm范围内可满足苹果生长的需要，降雨过多，果面光洁度、色泽、风味、耐贮性均差、病虫害重，苹果发育阶段相对湿度以低于70%以下为宜，空气相对湿度过高导致果面光洁度差，着色、香气和耐贮性差，病害较重（王少敏，1997）。甜橙则以相对湿度在80%左右为宜，若在70%以下，常表现粗皮大果、汁少、质地粗糙。在空气干燥，降雨量少，有灌溉条件的地区，果实表皮细胞稀疏，机械组织发达，果面表现光洁，无果锈。在降雨多、湿度大的地区，果皮机械组织细胞壁薄，果面粗糙（魏钦平，2003）。

在水分供应基本满足需要的前提下，一定时期内适度的水分亏缺对果实品质无不良影响，甚至还能使果实汁液中可溶性固形物和糖含量有所提高，对于葡萄来说，水分缺乏能够显著抑制糖在果实内的卸载（Wang，2003）。适度水分胁迫会提高果实含糖量，主要机制是：①水分胁迫诱导了果实中ABA水平的上升，从而激活山梨醇代谢，促进桃糖的积累。②在水分胁迫下，导致甜橙果实SS活力升高和汁液pH值下降，从而增强果实库强度，促进果实光合产物的积累。③在水分胁迫条件下，通过渗透调节增加了单糖或光合产物向柑橘汁囊的运转（刘明池，2002）。

水分胁迫条件下温州蜜柑果实汁液中蔗糖、葡萄糖和果糖浓度上升，汁囊中酸度升高，单果含糖量明显高于供水良好的果实。这说明水分胁迫条件下果实中糖的积累不是由于脱水造成，而是由于水分造成的活跃渗透调节所致。同位素标记试验证明，适度干旱胁迫条件下的温州蜜柑果实中分配到的碳元素最多，单果含糖量高于严重缺水和供水良好的果实，表明干旱条件下果实中糖的积累是由于光合产物运输的增加造成的。Kadoya推测在适度水分胁迫条件下，细胞壁的水解易导致桃果实的山梨醇、蔗糖、总糖水平和山梨醇氧化酶活性都上升，ABA的水平也升高，说明水分胁迫诱导的ABA可以通过活化山梨醇代谢来激活糖的积累。在一定的水分胁迫范围内，土壤水分亏缺越严重，糖分的积累越多（龚荣高，2004）。在对樱桃番茄（刘明池，2001）和草莓（赵志磊，2003）的研究中也发现，适度的亏缺灌溉可以提高果实的糖酸比。适度的水分亏缺灌溉可以提高果实内部糖的含量，从而提高了果实的品质。严重的水分亏缺灌溉，增加了果实内部干物质的积累，但不利于植株的生长，所以在实际的农业生产中一定要掌握好亏缺灌溉的尺度，才能达到增产又增质的效果。

4.矿质营养

矿质营养与果实糖分的代谢和积累有一定的关系。N、K、B对光合产物的运输和转化起促进作用，K促进了糖类的运输，促进运入库中的蔗糖转化为淀粉，有利于维持韧皮部两端的压力势差，可使叶片有机物源源不断地向需求部位运送。一般认为，B可促进植物体内糖类的运输，一方面B能促进蔗糖的合成，提高可运态蔗糖所占比例；另一方面，B能以硼酸的形式与游离态的糖结合，形成带负电荷的复合体，容易透过质膜（赵智中，2003）。对温州蜜柑增施氮肥后发现，汁囊中光合产物的分配量较对照减少，ABA/IAA降低，蔗糖代谢相关酶（特别是分解酶类）的活性增加，最终造成了汁囊中的糖含量降低。在一定范围内增施磷肥可使温州蜜柑的糖含量增加，缺磷或超磷会降低果实的糖含量。适量增施钾肥对提高果实品质有良好效果，但钾肥用量过多不仅使果实着色推迟，而且糖分减少、酸度增加。

矿质营养与果实蔗糖代谢及其酶活性的关系研究表明，适量的氮肥配施钾肥处理可以提高果实中可溶性糖的含量及糖酸比，但过量的使用氮肥对番茄器官的生长、产量和糖分积累均不利（齐红岩，2005）。适当施用钾肥，可以提高蔗糖代谢相关酶的活性，促进了光合产物的合成和运输，同时也促进了成熟果实中蔗糖的代谢和积累。有研究表明硼（B）处理能提高柑橘果实成熟前的还原糖、滴定酸含量，降低果实收获期的还原糖和滴定酸含量，并提高了果实成熟期总糖含量，增强柑橘果实发育初期酸性转化酶活性和果实发育后期中性转化酶活性（梁和，2002）。

三、有机酸组分及代谢

有机酸组分与含量是果实品质风味的重要组成因素。通常有机酸在果实生长过程中积累，在成熟过程中作为糖酵解、三羧酸循环（TCL循环）等呼吸基质，以及糖原异生作用基质而被消耗（陈发兴，2005）。

（一）有机酸组分及含量

依据有机酸分子碳架来源不同，果实有机酸分为3大类：（1）脂肪族羧酸，其中按分子中所含羧基个数可分为一羧酸如甲酸（CH_2O_2）、乙酸（$C_2H_4O_2$）、乙醇酸（$C_2H_4O_3$）、乙醛酸（$C_2H_4O_3$）等；二羧酸如草酸（$C_2H_2O_4$）、苹果酸（$C_4H_6O_5$）、琥珀酸（$C_4H_6O_4$）、富马酸（$C_4H_4O_4$）、草酰乙酸（$C_4H_4O_5$）、酒石酸（$C_4H_6O_6$）等；三羧酸如柠檬酸（$C_6H_8O_7$）、异柠檬酸（$C_6H_8O_7$）等。（2）糖衍生的有机酸如葡萄糖醛酸、半乳糖醛酸等。（3）酚酸类物质（含苯环羧酸），如水杨酸（$C_7H_6O_3$）、奎尼酸（$C_7H_{12}O_6$）、莽草酸（$C_7H_{10}O_5$）和绿原酸（$C_{16}H_{18}O_9$）等。由于果实内糖的种类和数量及二者比值的不同，各种果实的风味不同。

按照成熟果实所积累的主要有机酸，可分苹果酸型、柠檬酸型和酒石酸型3大类。苹果酸型果实有：苹果、枇杷、梨、桃、李、香蕉等，如苹果果实中苹果酸占总酸量的84%左右，欧洲甜樱桃果实中苹果酸占有机酸的94.2%。柠檬酸型果实有：柑橘、菠萝、杧果和草莓等，如菠萝果实有机酸中柠檬酸含量约占总酸的87%以上，草莓果实中除柠檬酸为主要有机酸以外，还有大量苹果酸和奎尼酸，杏果主要有机酸为柠檬酸（60%）和L-苹果酸（39%）。梨主要含苹果酸和柠檬酸，分为苹果酸优势型和柠檬酸优势型2类，西洋梨以柠檬酸为主，秋子梨、白梨、新疆梨和砂梨选育品种多以苹果酸为主，砂梨地方品种多以柠檬酸为主（霍月青，2009；姚改芳，2014），酒石酸型果实以葡萄为代表，果实中主要为酒石酸，其次是苹果酸，二者占总酸量的90%以上，成熟期葡萄果实将近70%的有机酸分布在果皮，种子含酸量却很少（Lamikanra，1995）。

（二）有机酸代谢及相关酶

果实当中有机酸的代谢较为复杂，磷酸烯醇式丙酮酸羧化酶（PEPC）属于内部关键酶（Notton，1993），Haffaker等通过研究证实，伏令夏橙等果实的外果皮与砂囊当中所包含的PEPC和磷酸烯醇式丙酮酸（PEP），通过$^{14}CO_2$磷酸烯醇式丙酮酸（PEP）在PEPC和PEP羧激酶的催化作用下，进行$^{14}CO_2$

固定，最后生成草酰乙酸（OAA），据此来推算出果实内部柠檬酸的合成途径主要为，通过 PEPC 进行催化，将 CO_2 进行固定生成 OAA，OAA 通过柠檬酸合成酶（CS）的作用，与乙酰辅酶 A（AcCoA）进行结合，最后转化成柠檬酸。Notton 等研究证实，在果实胞质当中，磷酸烯醇式丙酮酸 β-羧化通过 PEPC 的催化作用，最终产生无机磷酸盐与 OAA，而 OAA 通过苹果酸脱氢酶（MDH）的催化作用，最终生成苹果酸。苹果酸与 OAA 最后进入到 TCA 环，最后产生柠檬酸与其他代谢产物。尽管 PEPC 发挥了至关重要的作用，然而非常容易受到丙酮酸与苹果酸等各种有机酸的影响，使得其作用受到抑制。

根据柠檬酸合成途径，果实中柠檬酸的积累与柠檬酸合成酶（CS）、磷酸烯醇式丙酮酸羧化酶（PEPC）、乌头酸酶（aconitase）和 NAD-异柠檬酸脱氢酶（NAD-IDH）等酶的活性有关。乌头酸酶在植物中有线粒体和细胞质部分的两种同工酶，其中柠檬果实发育前期降低，这与其果实汁胞线粒体部分乌头酸酶活性降低相对应；另一种同工酶在柠檬成熟时出现，与细胞质部分的乌头酸酶活性增加相对应，推测线粒体乌头酸酶活性的降低是造成柠檬酸积累的重要原因，细胞质部分的乌头酸酶活性增加则导致柑橘果实成熟时酸水平的下降（Sadka，2000）；罗安才等（2004）在研究中也发现，在柠檬果实中，乌头酸酶活性与果实中酸的积累有着此消彼长的关系。文涛等（2001）研究证实，在脐橙果实中存在很高的 CS 和 PEPC 活性，在果实发育过程中，CS 和 PEPC 活性与酸含量呈高度正相关，并且证明了 CS 和 PEPC 是影响有机酸合成的关键酶，抑制这两个关键酶的活性可有效地减少果实有机酸的含量。罗安才（2004）的研究表明，CS 活性的变化与其柠檬酸变化差异无明显关系，并不是造成不同种或品种柑橘果实酸含量差异的原因。

四、糖酸比对果实甜酸风味的影响

果实甜酸风味主要由糖酸含量及其比例决定（梁俊，2011；张上隆，2007）。李树玲（1995）研究显示，含糖量高或极高、含酸量低或中等的梨风味佳；含酸量极高者，无论含糖量高低，风味均不理想；糖酸比小于 14.9，风味多为甜酸或酸涩；糖酸比在 15～25，风味多为甜酸；糖酸比在 25.1～60，风味多为酸甜适口；糖酸比大于 60.1，风味多为淡甜、甜或甘甜。姚改芳（2011）等研究表明，糖和酸含量均较低、糖酸比较高的梨，甜度占主导、风味偏淡；糖和酸含量均较高、糖酸比中等的梨，酸甜适口、风味较浓；糖含量较高、酸含量低、糖酸比中等的梨，甜度高、风味较好；糖酸含量均高，尤其酸含量偏高的梨，风味浓。贾定贤（1991）等研究发现，优质苹果的风味以酸甜适度为主，含酸量中等、糖酸比大致在20～60；糖酸比低于20，风味淡或趋酸，高于60，甜味增强；含酸量极高者风味不理想。周用宾（1985）等研究表明，含酸量大于1%的柑橘，只有含糖量大于10%、糖酸比大于8.2时，才适口，否则味虽浓，但较酸；含酸量小于0.9%的柑橘，若糖含量不足7.5%，尽管糖酸比也大于8.2，但风味较淡；糖酸比大于12的柑橘，风味往往偏甜。水果中含糖量变幅较小，而含酸量变幅较大，因此含酸量是决定糖酸比大小的主要因素。梁俊（2011）等认为，苹果风味主要取决于含酸量，含糖量的影响较小；风味较甜的苹果含糖量不一定很高，但含酸量一定很低。苹果的糖酸比与可滴定酸含量呈极显著负相关，其与可溶性糖含量的相关系数则要小得多（周用宾，1985）。梁俊（2011）等认为，可溶性糖含量不能反映果实的真实甜度，用糖酸比评测苹果风味不完全合适，用甜度/总酸为指标则比较符合实际。赵尊行（1995）等则以甜味指数绝对值/总酸为指标评价苹果甜酸风味。王海波（2010）等以果糖、葡萄糖、蔗糖及糖总量/苹果酸为指标对中早熟苹果进行了味感品质评价。于希志（1992）等对桃的研究显示，南方品种群和蟠桃品种群含酸低，含糖较高，糖酸比值亦高；油桃含酸高，糖酸比值低，鲜食品质较差。对于草莓，口感好者有较高的含糖量和糖酸比及较低的含酸量（SONE，2000）。

第二节　枣果实品质研究进展

枣（*Ziziphus jujuba*）为鼠李科（*Rhamnaceae*）枣属（*Ziziphus*）的多年生落叶乔木，原产我国，具有悠久的栽培历史，因其栽培容易、早实、富含VC和糖类、耐干旱和对pH适应性强等特性，一直保持着强劲的发展势头（杨艳荣，2007）。据《中国果树志·枣卷》记载，中国有枣品种资源700多个。一般成熟鲜枣的含糖量可达30%，干枣的含糖量为60%～70%，甚至更高（王向红，2002；Li，2006）。糖酸组分及其含量是决定果实品质的重要因素（Gomez et al，2002；Teixeira et al，2005；胡花丽，2007）。

一、枣果实糖分种类、分布、卸载与转化

近年来，生物功能性成分的研究和开发成为研究热点。枣果不仅含有糖、

蛋白质、氨基酸、膳食纤维、矿质元素等常见的营养物质，还含有三萜酸、黄酮、皂苷、腺苷、脂肪油、多种维生素等生理活性物质。枣中尤以糖类成分含量丰富，占干物质的60%～80%，不仅是影响果实甜度的物质，而且还是酸、类胡萝卜素和其他营养成分及芳香物质等合成的基础原料（李凤新，2011）。枣果实可溶性糖的研究已有少量报道。如Li等（2006）对'金丝小枣''崖枣''尖枣'等5个枣品种可溶性糖的研究表明，果糖、葡萄糖是主要的可溶性糖组分，其次是蔗糖和鼠李糖；彭艳芳等（2003，2008）对'金丝小枣'和'冬枣'的研究表明，蔗糖、果糖和葡萄糖是完熟枣中主要的可溶性糖，蔗糖含量最高，其次是果糖、葡萄糖和半乳糖。二者对同一个品种的研究所得出的结论不完全一致，而且选用的品种材料较少，不能完全揭示枣果实中可溶性糖的普遍规律。李守勇等（2004）比较了6个产地的冬枣枣果，发现产地间冬枣总糖含量存在差异。毕平等（1995）研究发现，枣幼树期果实发育时间短，含糖量低，随着树龄的增长，果实含糖量逐渐提高，4年生树可充分体现品种品质特性；枣树不同枝龄果实含糖量不同，以3～6年枝果实含糖量最高。束鹿婆枣8月20日果实白熟期至9月9日，糖积累速率最大，金丝小枣在白熟期糖积累缓慢，之后积累速率加快。魏天军等（2008）对灵武长枣的研究表明，可溶性固形物、总糖和蔗糖含量均与果实发育成熟度呈正相关。赵爱玲（2016）对20个具有代表性的枣主栽品种糖酸组分研究表明，枣果实中主要的可溶性糖为蔗糖、果糖和葡萄糖，其中蔗糖含量最高，其次是果糖和葡萄糖，属蔗糖积累型；总糖及各组分糖的含量在不同品种果实间存在显著差异，所测品种中'新郑灰枣'总糖含量最高；随着果实的发育，果糖、葡萄糖和蔗糖含量不断积累，在果实发育前期主要是果糖、葡萄糖的积累，白熟期之后以蔗糖积累为主。陈亚萍（2014）对灵武长枣不同时期果实中果糖、葡萄糖、蔗糖、多糖和淀粉含量的测定表明，在果实发育的过程中，淀粉最高含量仅占总糖的4.53%，多糖在果实成熟时含量远低于蔗糖，果实发育前期果糖和葡萄糖所占比例较大，后期蔗糖含量迅速升高，果糖和葡萄糖含量均下降，在成熟时，蔗糖与还原糖之比为1.2∶1，由此可见灵武长枣果实最终是以积累蔗糖为主。王为为（2013）以金丝小枣、冬枣及赞皇大枣为试材，研究了枣不同品种、不同发育时期果实及不同器官中糖类物质（单糖、蔗糖、低聚糖、多糖及总糖）的构成变化，结果表明：随枣果实发育，葡萄糖和果糖先升后降，低聚糖递减，蔗糖和可溶性总糖逐渐上升；成熟枣果糖分含量表现为蔗糖>果糖>葡萄糖>多糖>低聚糖；相比金丝小枣成熟果实，枣花中多糖含量较高，蔗糖含量较低。幼果糖分组成中，主要是葡萄糖和果糖，共占总糖的近50%；随枣果实发育，蔗糖逐渐积累，成熟期实中主要是蔗糖，占总糖的45%左右，果糖和葡萄糖次之，分别占总糖的12.3%～14.9%和11.8%～12.2%，多糖含量较低，占总糖的3.4%～7.1%；低聚糖含量最低，金丝小枣中只占总糖的0.26%；相比成熟期果实，枣花中多糖含量比例较高，蔗糖含量比例较低。

二、枣果实糖分积累机制与调节

不同植物呈现不同的糖积累模式，按照糖积累的特点可将糖积累分为：糖直接积累型、淀粉转化型以及中间类型三种模式（陶红，2010）。糖直接积累型果实除在果实生长发育早期积累的淀粉量较少，其余时期均直接积累可溶性糖，糖直接积累型果实包括龙眼、草莓、荔枝、杨梅、柑橘、西瓜等，其共同特征是基本都属于非呼吸跃变型果实；淀粉转化型果实从果实发育至成熟都以淀粉积累为主，后熟阶段淀粉降解产生大量的可溶性糖，淀粉转化型果实主要有香蕉、猕猴桃、芒果等，大多属于呼吸跃变型果实；中间类型果实在果实发育早中期主要积累淀粉，在果实发育后期至成熟期淀粉含量呈明显下降趋势，糖含量升高，苹果、桃、梨等是中间类型果实的主要代表，也属呼吸跃变型果实（陈俊伟，2000；龚荣高，2003；赵永红，2009）。灵武长枣果实的糖积累方式既不是淀粉转化型（以淀粉形式积累光合产物），也不是在发育早中期淀粉含量大量积累后期转化为糖的中间类型，而是糖直接积累型，主要以可溶性糖的形式贮藏积累，并且发育成熟的果实主要积累蔗糖，是蔗糖积累型果实，由蔗糖和己糖共同构成果实的品质（章英才，2014）。李洁（2017）等对壶瓶枣、婆婆枣、婆枣不同发育时期枣果实果肩与果顶部位的蔗糖、果糖、葡萄糖含量变化的研究表明，3个枣品种果肩部位糖积累均早于果顶，且果肩可溶性糖含量均显著高于果顶，在果实发育前期主要积累果糖和葡萄糖，壶瓶枣果实最早开始积累蔗糖，成熟时其含量为果糖和葡萄糖的3～4倍；其次是婆婆枣，其糖积累模式与壶瓶枣相似；婆枣果实糖积累发生最晚，其果糖和葡萄糖含量远高于蔗糖，成熟时婆婆枣果实可溶性总糖含量极显著高于壶瓶枣和婆枣。

（一）关键酶调节

果实糖的积累与糖代谢酶密切相关，果实获得同化产物的能力很大程度上由库强决定，蔗糖代谢相关酶活性强弱影响库强和糖卸载能力（郑国琦，

2008）。不同植物的果实糖积累机制和关键酶的种类有所不同，甜瓜中蔗糖的积累主要受AI、NI和SPS的影响（乔永旭，2004），核桃果实发育后期SS和SPS对蔗糖积累起着关键性的作用（吴国良，2003）。章英才（2004）研究表明，灵武长枣果实整个发育期，中性转化酶（NI）活性一直较低，酸性转化酶（AI）在前期活性很高，之后随果实发育其活性迅速降低直到果实成熟；蔗糖磷酸合成酶（SPS）的活性变化呈先高后低的下降趋势；蔗糖合成酶（SS）在果实发育前期分解方向酶活性（SSd）高于合成方向酶活性（SSs），果实发育中后期则主要以合成方向酶活性为主，分解方向酶活性随果实发育而下降，而合成方向酶活性则随果实发育而逐步增强。果实发育前期，酸性转化酶（AI）、中性转化酶（NI）和蔗糖合成酶（SS）共同参与了蔗糖的分解代谢，果实发育后期，蔗糖合成酶（SS）合成方向酶和蔗糖磷酸合成酶（SPS）是催化蔗糖合成的重要酶。李洁（2017）等发现壶瓶枣、婆婆枣、婆枣3个品种果肩与果顶部位蔗糖代谢酶活性变化规律相似：在整个阶段，酸性转化酶（AI）活性始终高于中性转化酶（NI），果实发育前期较高活性的转化酶促进了蔗糖的分解；蔗糖磷酸合成酶（SPS）活性变化与3个品种的蔗糖含量差异及变化趋势均相符；婆婆枣和壶瓶枣蔗糖合成酶的合成方向（SSs）活性分别极显著和显著地高于婆枣，3个品种蔗糖合成酶的分解方向（SSd）活性均较低，品种间无显著差异。李湘钰（2015）发现骏枣果实蔗糖代谢和积累由SS、SPS、AI和NI共同调控，NI和AI活性的降低相当于是骏枣果实中可溶性总糖开始积累的一个信号。另外，杨喜盟（2019）发现干旱胁迫在灵武长枣果实发育前期提升了中性转化酶（NI）活性，后期降低了NI酶活性；中度干旱胁迫提高了果实酸性转化酶（AI）、蔗糖磷酸合成酶（SPS）、蔗糖合成酶合成方向（SSs）和蔗糖代谢酶净活性；重度干旱胁迫恰好相反，且提升了果实蔗糖合成酶分解方向（SSd）活性，大气升温2.0℃时减缓了中度干旱胁迫的影响作用，加剧了重度干旱胁迫的影响作用。因此，蔗糖代谢相关酶活性对干旱胁迫的响应更为敏感，果实蔗糖、葡萄糖、总糖积累的关键酶为SPS和SSs，果糖积累的关键酶为NI。

（二）跨质膜和液泡膜糖载体调节

叶片产生的光合同化产物以蔗糖的形式，经韧皮部长途运输后卸载到果实内，在有关酶的作用下进行代谢及跨膜运输，最终以蔗糖、果糖和葡萄糖等形式积累在果实中。细胞的液泡是果实积累糖分的主要细胞器，光合产物从韧皮部卸出后，进入薄壁细胞储藏必须穿过质膜和液泡膜进入液泡储藏利用（陈俊伟等，2004）。糖在果肉细胞质膜和液泡膜上的运输是需要能量的主动过程，H^+-ATPase 和 H^+-PPase 分别水解 ATP 和 PPi，为光合产物的跨膜运输提供能量，质膜 H^+-ATPase、液泡膜 H^+-ATPase 和 H^+-PPase 是产生跨膜 H^+ 梯度，形成 H^+ 动力势的主要酶类（姚秋菊等，2008）。章英才等（2015）研究发现，灵武长枣果实发育缓慢生长期，质膜 H^+-ATPase 活性最低；第一次快速生长期，质膜 H^+-ATPase 活性最高；第二个缓慢生长期，其活性降低；第二次快速生长期，质膜 H^+-ATPase 活性升至次高；完熟期，质膜 H^+-ATPase 活性下降幅度较大。在果实发育过程中，液泡膜 H^+-ATPase 和 H^+-PPase 活性的变化趋势相似。第一个缓慢生长期，液泡膜 H^+-ATPase 和 H^+-PPase 活性较低；从第一个缓慢生长期至第一次快速生长期，缓慢下降至最低；从第一次快速生长期开始，液泡膜 H^+-ATPase 和 H^+-PPase 活性呈现为逐渐增高的变化趋势；除第二次快速生长期以外，液泡膜 H^+-PPase 活性始终高于 H^+-ATPase。由此推测，质膜 H^+-ATPase 和液泡膜 H^+-ATPase、H^+-PPase 对灵武长枣果实糖分的跨膜次级转运起到重要的调控作用。除灵武长枣之外，尚未见其他枣的相关报道。

（三）其他调节

环境因子和栽培措施是除遗传因子外，影响果实糖分积累的主要因素。若羌红枣皮薄、肉多、肉实，干枣、鲜枣含糖量分别为43%、85%，具有补脾益气、润肺生津、养颜驻容、延年益寿等特点，是新疆的名牌产品。邓新建（2009）发现若羌县独特的气候条件是若羌红枣品质优良的主要原因。

1.气温

温度是影响枣树生长发育的主要因素之一，也是红枣糖分积累的主要因素之一。枣树从萌芽到成熟所需≥0℃的积温为3200～3750℃，若羌县≥0℃的积温为3910℃，远远高于枣树生长期的温度需求。植物的糖分和营养成分的积累主要和气温的日较差和年较差有关。若羌县年平均温度11.7℃，极端最高温度43.6℃，1月平均气温-7.4℃，7月平均气温27.5℃，极端最低温度-27.2℃。8～10月上旬是若羌县气温日较差达到最大的时期，也是红枣的成熟时期，此时气温日较差在17.5～18.2℃之间，是红枣品质形成的关键时期。白天气温高，有利于果实的成长和膨大，生长速度加快，根系吸收营养成分多；晚上气温低，果实生长速度减慢，有利于果实中营养成分及糖分的积累。

2.光照

光和热是植物生长发育、产量、质量形成的必要条件。枣树是喜光树种，光照对枣树果实干物质积累和果实品质影响极为明显。紫外线强度大，日照时间长，光合有效辐射高，光热匹配极佳，也是若羌县红枣优质的主要原因之一。若羌县年平均日照时数3097.0 h左右，最大可达3338.8 h，最小也有2940.0 h。长时间的日照对枣树的生长及糖分等有机物的积累十分有利。若羌县总辐射量617.14 kJ/cm²·a，枣树生长光合有效辐射308.36 kJ/cm²·a，可见若羌县总辐射量大大超过了枣树生长所需的有效辐射，能促进果实成熟，促使碳水化合物向糖转化，增加含糖量。枣树不仅需要光合作用，还要进行呼吸作用。呼吸作用就是在酶的作用下，把有机物氧化成二氧化碳和水。光合作用和呼吸作用是相对的，当植物体内有机物质不再增加和减少时，在这种平衡状态下的光照强度称之为光补偿点，当光强度高于光补偿点时，植物体内才可能积累有机物质。在接近光饱和时的光照强度最为有利，积累的物质也越多。因若羌县的光照强度最接近于枣树生长所需的光补偿点，故枣积累的有机物质高于其他地区，糖分的积累也更多，品质也更佳。遮光果实通过调节蔗糖代谢相关酶的活性，使转化酶、蔗糖磷酸合成酶和蔗糖合成酶分解方向酶的活性增加，从而增强了果实的库强度，提高了果实维管束卸载光合产物的能力，满足了果实发育对碳水化合物的需求。另外，遮光初期果实中酶活性较高而果实中各种糖的含量与对照相比却较低，除套袋微环境影响了同化物的运转速率以及大量消耗等因素外，可能是因为幼果中旺盛的物质代谢和能量代谢，并进行着大量的细胞分裂和分化，由叶片运来的蔗糖被较大比例地迅速转化分解，用于构建各种细胞和组织，所以各种糖分的积累较少（章英才，2013）。

3.水分

枣树极其耐旱，特别适合干旱地区生长。若羌县年平均降水量仅28.5 mm，年平均蒸发量却达2920.2 mm，是我国气候比较干旱的地方之一。7~9月，正是若羌红枣挂果成长到成熟的时期。较小的降水量有利于若羌红枣糖分的积累；在特别干旱的时候，用阿尔金山脚下深达100 m左右的甘甜雪水浇灌。干旱使枣树能够充分汲取土壤中的营养成分和微生物质；同时还可有效利用高原和沙漠特殊小气候引起的冷暖气流交换，促进枣果的糖分积累。干旱的气候，不利于病虫害发生，这也是若羌红枣优质的原因之一。

4.栽培措施

（1）水肥一体化技术

水肥一体化技术在提高水、肥的养分管理的灌溉技术集成等方面有重大突破，但在枣树上的应用，还处于初步阶段，水分和养分管理主要凭借常规灌溉的经验。在枣树关键需水期，由于灌水量不足、灌水间隔时间过长等原因，引起枣树落花造成减产，同时由于大量氮肥的投入，不但没有提高枣树的产量，反而造成肥料的浪费以及环境的污染。到目前为止，枣树的节水灌溉技术也发展到了四大类，分别为喷灌、滴灌、管灌和膜上灌溉。柴仲平等（2011）研究不同氮磷钾配比滴灌对灰枣产量与品质的影响表明，在 1 hm² 滴灌水量5250 m³条件下，枣园目标产量的氮、磷、钾施肥量分别为414.9 kg、280.2 kg、33.6 kg 时为最佳施肥配比。马福生（2006）等研究表明，果实成熟期重度调亏灌溉可改善枣果品质，明显提高了水分利用效率。于金刚等（2012）研究 0 m³/hm²、90 m³/hm²、135 m³/hm²、180 m³/hm²四种滴灌对梨枣食用品质的影响，结果表明萌芽展叶期、开花坐果期、果实膨大期和果实成熟期每次各灌水 90 m³/hm²，是实验站梨枣种植基地较为适宜的灌溉制度。刘洁等（2014）研究表明，灵武长枣在灌水量1110 m³/hm²、施肥量480 kg/hm²处理下，果实的可溶性固形物含量最高；灌水量1380 m³/hm²、施肥量360 kg/hm²处理的果实的含糖量、维生素C含量最高，糖酸比最低，这两个处理的组合下的灵武长枣果实品质好。

（2）叶果比对灰枣果实品质的影响

灰枣作为新疆的主栽品种，存在多种种植方式与修剪方式，从而产生叶果比的差异，因其栽植密度不同、通风透光性存在差异、有效营养面积不同、光合同化产物积累的不同导致其品质存在较大差异。孙琳琳等（2016）对5年生不同叶果比（6.34∶1、8.14∶1、16.79∶1）下的灰枣，以及相同叶果比（9.5∶1）灰枣树的不同部位、不同树龄的果实进行品质测定。结果表明：叶果比为16.79∶1的灰枣较其他2种叶果比枣果品质好；相同叶果比树上，老枣股上枣吊坐的果较新枣头上枣吊坐的果品质好；木质化枣吊坐的果较非木质化枣吊坐的果品质好；花期早坐的果较花期晚坐的果品质好；枣吊前端坐的果较枣吊后端坐的果品质好；树龄大的品质较树龄小的枣果品质好。

三、枣果实有机酸组分及含量的变化

枣果实有机酸组分的研究报道极少。王向红（2002）和苗利军等（2013）分析了不同品种枣果实中的齐墩果酸和熊果酸，证明这两种有机酸组分在不同品种间存在显著差异。孙延芳等（2011）研究分析了陕北酸枣中的酒石酸、苹果酸、柠檬酸、琥珀酸等7种有机酸，建立了同时测定枣果中7种有机酸的

HPLC分析方法。赵爱玲（2016）研究表明，枣果实中的有机酸主要是苹果酸、奎宁酸和琥珀酸，其中苹果酸含量最高，属苹果酸优势型；总酸及各组分酸的含量在不同品种间存在极显著差异，'彬县晋枣'总酸含量最高；随着果实的发育成熟，总酸及苹果酸、奎宁酸和酒石酸含量不断增长，柠檬酸含量在不同发育时期间无显著差异，琥珀酸含量在白熟期低，且与脆熟期和完熟期差异极显著，而脆熟期和完熟期之间无显著差异。

四、糖酸比相关性研究进展

果实糖酸是构成风味品质的主要因素。枣同苹果、梨、桃、杏等树种相比，主要的糖组分相同，但各组分的含量及其比例不同。苹果和梨果实中以果糖含量最高，桃和杏果实中以蔗糖含量最高，枣果实中也以蔗糖含量最高，其次是果糖和葡萄糖，果糖含量高于葡萄糖，而且枣果中总糖含量较高，是苹果、梨和桃的2～5倍，因此与其他水果相比，枣果实口感风味较甜。赵爱玲（2016）研究糖酸相关性分析表明，总酸与苹果酸和奎宁酸、总糖与蔗糖、果糖与葡萄糖、苹果酸与总糖和蔗糖之间都呈极显著正相关。柠檬酸与果糖和葡萄糖之间存在显著负相关，总酸与果糖、酒石酸与熊果酸之间存在显著正相关。

参考文献

[1]严琳霞,韦明.我国农产品竞争力的研究综述[J].农村经济与科技,2005(5):4-5.

[2]束怀瑞.我国果树业生产现状和待研究的问题[J].中国工程科学,2003,5(2):45-48.

[3]潘腾飞,李永裕,邱栋梁.果实品质形成的分子机理研究进展(综述)[J].亚热带植物科学,2006,35(1):81-84.

[4]Teixeira R T, Knorpp C, Glimelius K. Modified sucrose, starch, and ATP levels in two alloplasmic male-sterile lines of B. napus[J]. Journal of Experimental Botany, 2005, 56(414): 1245-1253.

[5]王贵元,夏仁学,吴强盛.果实中糖分的积累与代谢研究进展[J].北方园艺,2007(3):56-58.

[6]Stadler R, Truernit E, Gahrtz M, et al. The AtSUC1 sucrose carrier may represent the osmotic driving force for anther dehiscence and pollen tube growth in Arabidopsis

[J]. Plant Journal, 1999 (19): 269-278.

[7]万仲武,芮长春,张治业.灵武长枣物候期与气温和地温的关系研究[J].北方园艺,2013 (15): 47-50.

[8]王晨,房经贵,王涛,等.果树果实中的糖代谢[J].浙江农业学报,2009 (05): 529-534.

[9]陈俊伟,张上隆,张良诚.果实中糖的运输、代谢与积累及其调控[J].分子植物(英文版),2004,30(1):1-10.

[10]周兆禧,赵家桔,林兴娥,等.果实主要品质的研究进展[J].中国农业信息(上半月),2014, 10(1):114-117.

[11]赵智中,张上隆,陈俊伟,等.柑橘品种间糖积累差异的生理基础[J].中国农业科学,2002, 35(5): 541-545.

[12]陈俊伟,张上隆,张良诚,等.温州蜜柑果实发育过程中光合产物运输分配己糖积累特性[J].植物生理学报,2001,27(2):186-192.

[13]陈俊伟,张良诚,张上隆.果实中的糖分积累机理[J].植物生理学通讯,2000,36 (6):497-503.

[14]陈美霞,陈学森,慈志娟,等.杏果实糖酸组成及其不同发育阶段的变化[J].园艺学报, 2006, 33(4):805-808.

[15] Vizzoto G, Pinton R, Varanini Z. Sucrose accumulation in developing peach ruit [J].Plant Physiol,1996 (96):225-230.

[16]王贵元,吴强盛,孙俊雄.红肉脐橙果实发育过程中主要糖含量的变化[J].长江大学学报:自然科学版,2007,4(1):12-13.

[17]魏建梅,齐秀东,朱向秋,等.苹果果实糖积累特性与品质形成的关系[J].西北植物学报, 2009, 29(6):1193-1199.

[18]王永章,张大鹏."红富士"苹果果实蔗糖代谢与酸性转化酶和蔗糖合酶关系的研究[J].园艺学报,2001,28(3):259-261.

[19]王海波,陈学森,辛培刚,等.几个早熟苹果品种果实糖酸组分及风味品质的评价[J].果树学报,2007,24(4):513-516.

[20]Yamaguchi H, Kanayama Y, Soejima J, et al. Changes in the amounts of the NAD-dependent sorbitol dehydrogenase and its involvement in the development of apple fruit[J]. J Amer SocHor Sci,1996, 121(5): 848-852.

[21]Yamaki S. Isolation of vacuoles from immature apple fruit flesh and compartmentation of sugars, organic acids, phenolic compounds and aminacids [J]. Plant Cell Physiol,1984, 25(1) : 151-166.

[22]Davis C, Robinson S P. Sugar accumulation ingrape berries[J]. Plant Physiol, 1996（111）: 275- 283.

[23] Komatsu A, Moricguchi T, Koyama K. Analysis of sucrose synthase genes in citrus suggests different role and phylogenetic relationships[J]. J Exp Bot, 2002（53）: 61-67.

[24] Lowell C A, Tomlison P T, Koch K E.Sucrose metabolizing enzymes in transport tissues and adjacent sink structures in developing citrus fruit[J]. Plant Physiol, 1989(90):1394-1402.

[25]张上隆,陈昆松.果实品质形成与调控的分子生理[M].北京:中国农业出版社,2007.

[26]Konishi T, Ohmiya Y, HayashiT. Evidence that sucrose loaded into the phloem of a poplar leaf is used directly by sucrose synthase associated with various β-glucan synthase in the stem[J]. Plant Physiology, 2004（134）: 1146-1152.

[27]Oparka K J. What is phloem unloading?[J]. Plant Physiology, 1990（94）:393-396.

[28]Aoki N, Scofield G N, Wang X D, et al. Pathway of sugar transport in germinating wheat seeds[J]. Plant Physiology, 2006（141）: 1255-1263.

[29]Ruan Y L, Patrick J W. The cellular pathway of postphloem sugar transport in developing tomato fruit[J]. Planta, 1995（196）: 434-444.

[30]Oparka K J, Prior D A M. Movement of Lucifer Yellow CH in potato tuber storage tissues: A comparison of symplastic and apoplastic transport[J]. Planta, 1988（176）: 533-540.

[31]Davis C, Robinson S P. Sugar accumulation in grape berries[J]. Plant Physiology, 1996（111）: 275-283.

[32]张永平,乔永旭,喻景权,等.园艺植物果实糖积累的研究进展[J].中国农业科学,2008,41(4): 1151-1157.

[33]Damon S,Hewitt J, Nieder M, et al. Sink metabolism in tomato fruit:Phloem unloading and sugar uptake[J].Plant Physiol,1988(87):731-746.

[34]Ymaki S. Isolation of vacuoles from immature apple fruit flesh and copartmentation of sugars, organic acids, phenolic compounds and amino acids[J]. Plant and Cell Physiology, 1984, 25(1): 151-166.

[35]王利芬,夏仁学,周开兵.纽荷尔脐橙果肉糖分积累和蔗糖代谢相关酶活性的变化[J].果树学报,2004,21(3): 220-223.

［36］Sun J D, Loboda T, Sung S J, et al. Sucrose synthase in wild tomato, Lycopersicon chemielelewskii, and tomato fruit sink strength［J］. Plant Physiol, 1992(98):1163–1169.

［37］Klann E M, Hall B, Bennett A B. Antisense Acid Invertase(TW7)Gene Alters Soluble Sugar Composition and Size in Transgenic Tomato Fruit［J］.Plant Physiol,1996(112):1321–1330.

［38］Lee H S, Sturm A. Purification and characterization of neutral and alkaline invertase from carrot［J］. Plant Physiol,1996(112):1513–1522.

［39］Sturm A. Invertases Primary Structures, Functions, and Roles in Plant Development and Sucrose Partitioning［J］.Plant Physiol,1999(121):1–7.

［40］Tang G Q, Lscher M, Sturm A. Antisense repression of vacuolar and cell wall invertase in transgenic carrot alters early plant development and sucrose partitioning［J］. Plant Cell, 1999(11):177–189.

［41］明方,李志凌.高等植物中与蔗糖代谢相关的酶［J］.植物生理学通讯,2002,38(3):289–295.

［42］Klann E M, Hall B, Bennett A B. Amisense acid invertase (flY1)gene alters soluble sugar composition and size in transgenic tomato fruit［J］. Plant Physiplogy,1996(112):1321–1330.

［43］Beruter J, Feusi M, Ruedi P. Sorbitol and sucrose partitioning in the growing apple fruit［J］. J Plant Physiol, 1997, 151(3):269–276.

［44］Moriguchi T, Abe K, Sannada T. Levels and role of sucrose synthase, sucrose phosphate synthase, and acid invertase in sucrose accumulation in fruit of Asian pear ［J］. Journal of the American Society for Horticultural Science, 1992(117): 274–278.

［45］Komatsu A, Takanokura Y, Moriguchi T, et al, A kihama T. Differential expression of three sucrose phosphate synthase isoforms during accumulation in citrus fruit (Citrus unshiu Mare)［J］. Plant Science, 1999(140):169–178.

［46］Langenkgamper G , McHale R, Gardner R C, et al. Sucrose phosphate synthase steady–state mRNA increases in ripen in gkiwifruit［J］. Plant Molecular Biology, 1998(36):857–869.

［47］Moriguchi T, Abe k, Tanaka, et al. Polyuronides changes in Japanese and Chinese pear fruits during ripening on the tree［J］. Journal of the Japanese Society of Horticultural Science, 1998(67): 375–377.

[48]吴平,陈昆松.植物分子生理学进展[M].杭州:浙江大学出版社,2000.

[49]罗霄,郑国琦,王俊.果实糖代谢及其影响因素的研究进展[J].农业科学研究,2008,2(29):69-73.

[50]Hashizume H, Tanase K, Shiratake K, et al. Purification and characterization of two soluble acid invertase isozymes from Japanese pear fruit[J]. Phytochemistry, 2003(63):125-129.

[51]Cordenunsi B R, Lajolo F M. Starch breakdown during banana ripening:sucrose synthase and sucrose phosphate synthase[J]. Journal of Agriculture and Food Chemistry,1995(43):347-351.

[52]范爽,商东升,李忠勇.设施栽培中'春捷'桃糖积累与相关酶活性的变化[J].园艺学报,2006,33(6):1307-1309.

[53]柴叶茂,贾海锋,李春丽,等.草莓果实发育过程中糖代谢相关基因的表达分析[J].园艺学报,2011,38(4):637-643.

[54]赵智中,张上隆,徐昌杰,等.蔗糖代谢相关酶在温州蜜柑果实糖积累中的作用[J].园艺学报,2001,28(2):112-118.

[55]Koch K E. Carbohydrate- modulated gene expression in plants[J].Annu Rev Plant Physiol Mol Biol,1996(47):509-540.

[56]Smeekens S, Rook F.Sugar sensing and sugar- mediated signal transduction in plants[J].Plant Physiol, 1997(115):7-13.

[57]Ma Q J,Sun M H,Lu J,et al. Transcription factor AREB2 is involved in soluble sugar accumulation by activating sugar transporter and amylase genes[J]. Plant Physiol, 2017, 174(4):2348-2362.

[58]Lin I W, Sosso D, Chen L Q, et al. Nectar secretion requires sucrose phosphate synthasea and the sugar transporter SWEET9[J]. Nature, 2014, 508(7497):546-549.

[59]Guan Y F, Huang X Y, Zhu J, et al. RUPTUREA POLLEN GRA1N1,a member of the MtN3/saliva gene family,is crucial for exine pattern formation and cell intergrity of microspores in Arabidopsis[J]. Plant Physiol, 2008,147(2):852-863.

[60]Sun M X, Huang X Y, Yang J, et al. Arabidopsis RPG1 is important for primexine deposition and functions redundantly with RPG2 for plant fertility at the late reproductive stage[J]. Plant Reprod, 2013, 26(2):83-91.

[61]Chen L Q, Lin I W, Qu X Q, et al. A cascade of sequentially expressed sucrose transporters in the seed coat and endosperm provides nutrition for the Arabidopsis embryo[J]. Plant Cell, 2015, 27(3):607-619.

［62］Sosso D, Luo D P, Li Q B, et al. Seed filling in domesticated maize and rice depends on SWEET-mediated hexose transport［J］. Nat Genet, 2015, 47(12):1489-1493.

［63］Klemens PAW, Patzke K, Deitmer J, et al.Overexpression of the vacuolar sugar carrier At SWEET16 modifies germination ,growth ,and stress tolerance in Arabidopsis［J］.Plant physiol, 2013, 163(3):1338-1352.

［64］Zhou Y, Liu L, Huang W F, et al. Over expression of OsSWEET5 in rice causes growth retardation and precocious senescence［J］.Plos One, 2014, 9(4):94210.

［65］Kanno Y, Oikawa T, Chiba Y, et al. AtSWEET13 and AtSWEET14 regulate gibberellin mediated physiological processes［J］.Nat Commun, 2016(7):13245.

［66］Chen L Q.SWEET sugar transporters for phloem transport and pathogen mutrition［J］. New Phytol, 2014, 201(4):1150-1155.

［67］韩佳欣,郑浩,张琼,等.果树中糖类代谢和调控研究［J］.植物科学学报,2020, 38(1):143-149.

［68］Yang J J, Zhu L C, Cui W F, et al. Increased activity of MdFRK2,a high-affinity fructokinase,leads to upregulation of sorbitol metabolism and downregulation of sucrose metabolism in apple leaves［J］. HorticRes, 2018, 5(1):71.

［69］吕英民,张大鹏.果实发育过程中糖的积累［J］.植物生理学通讯,2000,36(3): 258-265.

［70］Yamaki S, Asakura T. Stimulation of the uptake of sorbitol into vacuoles from apple fruit flesh by abscisic acid and into protoplasts by indoleacetic acid［J］. Plant Cell Physiol, 1991, 32(2):315-318.

［71］Beruter J , Studer Feusi M E. Comparision of sorbitol transportin excised tissue discs and cortex tissue of intact apple fruit［J］. Plant Physiol , 1995(146):95-102.

［72］Buckhout T J , Tubbe A. Structure , mechanisms of catalysis and regulation of sugar transporters in plants［M］//Zamski E, Schaffer AA (eds) . Photoassimilate Distribution in Plants and Crops: Source 2 Sink Relationships. New York: Marcel DekkerInc , 1996:229-260.

［73］Yakushiji H, Nonami H, Fukuyama T, et al . Sugar accumulation enhenced by osmoregulation in satsuma mandarin fruit［J］. J Amer Soc Hort Sci, 1996, 121(3): 466-472.

［74］Wang F, Quebedeaux B , Stutte G W. Partitioning of [14C]glucose into sorbitol and other carbohydrates in apple water stress［J］. Aust J Plant Physiol , 1996 (23):

245-251.

[75]Nguyen-Quoc B, Foryer C H. A role for 'futile cycles' involving invertase and sucrose synthase in sucrose metabolism of tomato fruit[J]. Journal of Experimental Botany, 2001, 52(358): 881-889.

[76]夏国海,张大鹏,贾文琐.IAA、GA和ABA对葡萄果实^{14}C蔗糖输入与代谢的调控[J].园艺学报,2000,27(1):6-10.

[77]倪德祥,邓志龙.植物激素对基因表达的调控[J].植物生理学通讯,1992,28(6):461-466.

[78]杨洪强,夏国海,接玉玲,等.园艺植物果实碳素同化物代谢研究进展[J].山东农业大学学报,1999,30(3):307-311.

[79]Jone O A, Kanayama Y, Yamaki S. Sugar uptake into straw berry fruit is stimulated by ABA and IAA[J]. Physiol Plant, 1996(97):169-174.

[80]石雪晖,杨国顺,邓亮华,等.不同浓度GA$_3$处理对草莓生长发育的影响[J].湖南农业科学,1999(2):47-48.

[81]陈俊伟,冯健君,秦巧平,等.GA$_3$诱导的单性结实'宁海白'白沙枇杷糖代谢的研究[J].园艺学报,2006,33(3):471-476.

[82]齐红岩.番茄光合转运糖-蔗糖的运转、代谢及其相关影响因素的研究[D].沈阳:沈阳农业大学,2003.

[83]吴俊,钟家煌,徐凯,等.外源GA$_3$对藤稔葡萄果实生长发育及内源激素水平的影响[J].果树学报,2001,18(4):209-212.

[84]Yamaki S, Asakura T. Stimulation of the uptake of sorbitolinto vacuoles from apple fruit flesh by abscisic acid and into protoplasts by indoleacetic acid[J]. Plant Cell Physiol, 1991, 32(2):315-318.

[85]于洋.外源GA$_3$和ABA对番茄果实主要色素形成的影响及生理机制研究[D].沈阳:沈阳农业大学,2016.

[86]卢文静.脱落酸和生长素调控香蕉及草莓果实成熟的作用机理[D].杭州:浙江大学,2018.

[87]王永章,张大鹏.乙烯对成熟期新红星苹果果实碳水化合物代谢的调控[J].园艺学报,2000,27(6):391-395.

[88]李明,郝建军,于洋,等.脱落酸ABA对苹果果实着色相关物质变化的影响[J].沈阳农业大学学报,2005,36(2):189-193.

[89]鲍江峰,夏仁学,彭抒昂.生态因子对柑橘果实品质的影响[J].应用生态学,2004,15(8):1477-1480.

[90]张玉,陈昆松,张上隆,等.猕猴桃果实采后成熟过程中糖代谢及其调节[J].植物生理与分子生物学报,2004,30(3):317-324.

[91]David A M. Hormonal regulation of source 2 sink relationships : An overview of potential control mechanisms [M]//Zamski E, Schaffer AA（eds）. Photoassimilate Distribution in Plants and Crops : Source 2 Sink Relationships. New York : Marcel Dekker Inc, 1996 : 441-465.

[92]郭碧云.陕西生态因子与苹果品质相关性研究[D].杨凌:西北农林科技大学,2006.

[93]吴光林,张光伦.果树生态学[M].北京:北京农业出版社,1992:68-135.

[94]李雪红,牛自勉,杨小萍.不同时期除袋对红富士苹果品质的影响[J].山西果树,2000（3）:4-5.

[95]陆秋农.我国苹果的分布区划与生态因子[J].中国农业科学,1980,13(1):46-51.

[96]Curtis, J P. Computer simulation of radiation interception and photosynthesis for kiwifruit canopies in the field[J]. Acta Horticuloture, 1992(313):37-43.

[97]鲍江峰,夏仁学.生态因子对柑桔果实品质的影响[J].应用生态学报,2004,15(8):1477-1480.

[98]Tusin, D S.Influence of orientation ans position of fruiting laterals on canopy light penetration,Yield and fruit quality of Granny Smith apple[J]. J.Amer.Soc. Hortic, Sic., 1988(113): 693-699.

[99]余优森.苹果含糖量与温度关系研究[J].中国农业气象,1990,11(3):34-37.

[100]王少敏,赵红军,胡维军.富士在苹果品种构成中的应用研究进展[J].山东农业大学学报, 1997, 28(3): 365-369.

[101]魏钦平,叶宝兴.不同生态区乔纳金苹果果皮解剖结构的特征与差异[J].山东农业大学学报,2003, 34(2):163-167.

[102]Wang Z P, Deloire A, Carbonneau A, et al, Lopez F. An in vivo experimental system to study sugar phloem unloading in ripening grape berries during water deficiency stress[J]. Annals of Botany, 2003(92): 523-528.

[103]赵智中,张上隆,刘栓桃,等.高氮处理对温州蜜柑果实糖积累的影响[J].园艺学报,2003,17(2): 119- 122.

[104]刘明池,陈殿奎.亏缺灌溉对樱桃番茄产量和品质的影响[J].中国蔬菜,2002(6):4-6.

[105]龚荣高,张光伦,吕秀兰,等.脐橙果实糖积累与蔗糖代谢相关酶关系的研究[J].四川农业大学学报,2004,22(1):34-36.

[106]刘明池,小岛孝之,田中宗浩,等.亏缺灌溉对草莓生长和果实品质的影响[J].园艺学报,2001,28(4):307-311.

[107]赵志磊,李保国,齐国辉,等.套袋对富士苹果果实品质影响的研究进展[J].河北林果研究,2003,18(1):83-88.

[108]齐红岩,李天来,周旋,等.不同氮钾水平对番茄产量、品质及蔗糖代谢的影响[J].中国农学通报,2005,25(11):251-255.

[109]梁和,马国瑞,石伟勇,等.硼钙营养对不同品种柑橘糖代谢的影响[J].土壤通报,2002,33(5):377-380.

[110]陈发兴,刘星辉,陈立松.果实有机酸代谢研究进展[J].果树学报,2005,22(5):526-531.

[111]李明启.果实生理[M].北京:科学出版社,1989:83-88.

[112]Lamikanra O, Lnyang I D, Leong S. Distribution and effect of Grape maturity on organic acid content of red muscadine grapes[J].J Agric Food Chem,1995(43):3026-3028.

[113]霍月青,胡红菊,彭抒昂,等.砂梨品种资源有机酸含量及发育期变化[J].中国农业科学,2009,42(1):216-223.

[114]姚改芳,杨志军,张绍铃,等.梨不同栽培种果实有机酸组分及含量特征分析[J].园艺学报,2014,41(4):755-764.

[115]Notton B A, Blanke M M. Phosphoenolpyruvate Carboxylase in avocado fruit: parification and poroperties[J]. Phytochemistry, 1993(33):1333-1337.

[116]Haffaker R C, Wallace A. Dark fixation of CO_2 in homogenates from citrus leaves, fruits, and roots[J]. Pro Amer Soc Hort Sci, 1959(74):348-357.

[117]Sadka A, Dahan E, Cohen L, et al. Aconitase activity and expression during the development of lemon fruit[J]. Physiologia Plantarum, 2003,108(3):255-262.

[118]罗安才,李道高,李纯凡.柑桔果实糖酸比及线粒体乌头酸酶活性的变化[J].西南农业大学学报(自然科学版),2004,26(4):467-470.

[119]文涛,熊庆娥,曾伟光,等.脐橙果实发育过程中有机酸合成代谢酶活性的变化[J].园艺学报,2001,28(2):161-163.

[120]梁俊,郭燕,刘玉莲,等.不同品种苹果果实中糖酸组成与含量分析[J].西北农林科技学报:自然科学版,2011,39(10):163-170.

[121]李树玲,黄礼森,丛佩华,等.不同种内梨品种果实糖、酸含量分析比较[J].中国果树,1995(3):9-12.

[122]姚改芳,张绍铃,吴俊,等.10个不同系统梨品种的可溶性糖与有机酸组分含量分析[J].南京农业大学学报,2011,34(5):25-31.

[123]贾定贤,米文广,杨儒琳,等.苹果品种果实糖、酸含量的分级标准与风味的关系[J].园艺学报,1991,18(1):9-14.

[124]周用宾,蔡颖,胡淑兰.柑橘果实糖酸含量与风味品质的关系[J].园艺学报,1985,12(4):282-283.

[125]赵尊行,孙衍华,黄化成.山东苹果中可溶性糖、有机酸的研究[J].山东农业大学学报,1995,26(3):355-360.

[126]王海波,李林光,陈学森,等.中早熟苹果品种果实的风味物质和风味品质[J].中国农业科学,2010,43(11):2300-2306.

[127]于希志,金锡风,徐秋萍,等.核果类果实营养成分测定与相关分析[J].落叶果树,1992(4):22-25.

[128]Sone K,Mochizuki T,Noguchi Y. Relationship between stability of eating quality of strawberry cultivars and their sugar and organic acid contents[J]. Journal of the Japanese Society for Horticultural Science, 2000,69(6):736-743.

[129]杨艳荣,赵锦,刘孟军.枣吊的研究进展[J].华北农学报,2007,22(增刊):53-57.

[130]王向红,崔同,刘孟军,等.不同枣品种的营养成分分析[J].营养学报,2002,24(2):206-208.

[131]Li Jin-wei, Fan Liu-p ing, Ding Shao-dong, et al. Nutritional composition of five cultivars of Chinesejujube[J]. Food Chemistry, 2006, 103(2):454-460.

[132]Gomez M, Lajolo F, Cordenunsi B. Evolution of soluble sugars during ripening of papaya fruit and its relation to sweet taste[J]. Journal of Food Science, 2002, 67(1):442-447.

[133]Teixeira R T, Knorpp C, Glimelius K. Modified sucrose, starch and ATP levels in two alloplasmic male-sterile lines of B. napus[J]. Journal of Experimental Botany, 2005, 56(414):1245-1253.

[134]胡花丽,王贵禧,李艳菊.桃果实风味物质的研究进展[J].农业工程学报,2007,23(4):280-287.

[135]李凤新.果实中糖代谢的研究进展[J].电大理工,2011(1):27-28,32.

[136]李守勇,续九如,胡新艳,等.冬枣果实品质差异研究[J].食品科技,2004 (12):37-39.

[137]毕平,来发茂.枣果实的含糖量变化[J].果树科学,1995,12(3):173-175.

[138]魏天军,窦云平.灵武长枣果实发育成熟期生理生化变化[J].中国农学通报, 2008,24(4):235-39.

[139]彭艳芳.枣果营养成分分析与货架期保鲜研究[D].保定:河北农业大学, 2003.

[140]彭艳芳,刘孟军,赵仁邦,等.枣果实发育过程中游离单糖含量动态研究[J]. 河北农业大学学报,2008,31(2):48-51.

[141]赵爱玲,薛晓芳,王永康,等.枣果实糖酸组分化特点及不同发育阶段含量的 变化[J].园艺学报,2016,43(6):1175-1185.

[142]陈亚萍.灵武长枣果实糖代谢生理机制的研究[D].银川:宁夏大学,2014.

[143]王为为.枣的糖分构成分析及低聚糖研究[D].保定:河北农业大学,2013.

[144]陶红,崔纪芳,乜兰春.果实糖分积累研究进展[J].安徽农业科学,2010(01): 42-44.

[145]龚荣高,张光伦.柑橘果实糖代谢的研究进展[J].四川农业大学学报,2003, 21(4):343-346.

[146]赵永红,李宪利.果实中糖酸积累机理研究进展[J].农业科技通讯,2009 (08):110-112.

[147]章英才,陈亚萍,景红霞,等.'灵武长枣'果实糖积累与蔗糖代谢相关酶的关 系[J].果树学报,2014,31(2):250-257.

[148]李洁,姚宝花,宋宇琴,等.枣不同品种和果实不同部位糖积累及相关酶活性 [J].林业科学,2017,53(12):30-39.

[149]郑国琦,罗霄,郑紫燕,等.宁夏枸杞果实糖积累和蔗糖代谢相关酶活性的关 系[J].西北植物学报,2008,28(6):1172-1178.

[150]乔永旭,刘栓桃,赵智中,等.甜瓜果实发育过程中糖积累与蔗糖代谢相关酶 的关系[J].果树学报,2004,21(5):447-450.

[151]吴国良,潘秋红,张大鹏.核桃果肉发育过程中糖含量及相关酶活性的变化 [J].园艺学报,2003,30(6):643-646.

[152]李湘钰.光照条件对骏枣叶片发育和果实品质及糖代谢相关酶变化的影响 [D].阿拉尔:塔里木大学,2015.

[153]姚秋菊,张晓伟,吕中伟,等.硅对盐胁迫下黄瓜幼苗根系质膜、液泡膜酶活

性的影响[J].华北农学报,2008,23 (6):125-129.

[154]杨喜盟.气温升高与干旱胁迫对灵武长枣果实糖分积累与着色的影响[D].银川:宁夏大学,2019.

[155]邓新建,程华.气象条件对若羌红枣糖分积累的影响[J].现代农业科技,2009 (14):273

[156]章英才,陈亚萍,景红霞,等.遮光灵武长枣果实糖积累和代谢相关酶活性特征[J].西北植物学报,2013,33(12):2486-2491.

[157]柴仲平,王雪梅,孙霞,等.不同氮磷钾配比滴灌对灰枣产量与品质的影响[J].果树学报,2011,28 (2):229-233.

[158]马福生,康绍忠,王密侠,等.调亏灌溉对温室梨枣树水分利用效率与枣品质的影响[J].农业工程学报,2006,22(1):37-43.

[159]于金刚,王敏,李援农.等.不同滴灌制度对梨枣食用品质的影响[J].节水灌溉,2012 (12):19-27.

[160]刘洁,万仲武,曹兵,等.不同滴灌水肥处理对灵武长枣果实品质的影响[J].节水灌溉,2014 (8):25-28.

[161]孙琳琳,王新建,王建宇,等.叶果比对灰枣果实品质的影响[J].中国园艺文摘,2016(5):5-9.

第二章　骏枣品质形成的生理基础

第一节　枣树植物学特性

一、根系构成、分布及生长发育规律

（一）根系构成

枣树的根系从结构上可分为水平根、垂直根、侧根和细根。

1.水平根　水平根也称引根、繁殖根，是枣树根系的骨架，具有很强的延伸能力。一般品种的壮龄树，水平根分布的半径范围相当于树冠半径的3～6倍，分布比较远，但其分枝力却较弱，多呈二叉分枝，分枝角度小，其上着生细根也少。水平根多分布在15～30 cm的浅层土壤里，50 cm以下很少。水平根的作用主要是扩大根系范围，萌生根蘖苗木，吸收土壤表层的营养和水分。

2.垂直根　垂直根由胚根或水平根向下分枝而成，生长力比水平根系弱，一般为树高的1/2，即1～4 m，主要根系分布在树冠下面，占总根系的1/2左右。它的垂直分布与土质、品种有关。一般粉质土根系较浅，沙壤土根系分布较深；大枣型的品种根系分布较深，小果形的品种根系分布较浅。例如：交城骏枣，垂直根可分布在2～3 m深的土壤层，而稷山板枣则多分布在1～2 m深的土层中。此外，垂直根的分布与土壤的管理也有密切的关系。垂直根系的主要作用是：固定树体，吸收土壤深层的养分、水分。一般情况下，垂直根和水平根没有相互转化的现象。

3.侧根　侧根主要由水平根的多次分枝形成，也有的分生在垂直根上。其延伸能力较弱，但分生能力很强，因而形成了侧生根群。有的分生细根的基轴处还形成根蘖脑，萌生根蘖，培养枣苗。由于根蘖的生长会争夺母体养

分，所以若不进行育苗，当及早除去。

侧根和水平根有相互转化的现象，幼树的单位根随树龄增长，生长强化后能转化呈水平根；相反，水平根生长减退后，其梢部分枝力增强，性能与侧根相似。

4.细根　细根是枣树的主要的吸收根，大部分由侧根分枝形成，多着生在侧根上，其粗度1～2 mm，长度30 cm左右，寿命很短，有自疏现象，能进行周期性的更新，是枣根主要的吸收根系。它对土壤的肥水状况十分敏感，在肥水足、通气好的情况下，生长迅速，分枝多，但遇旱、遇涝则易死亡。一个细根通常生长30～40 d，适宜条件下可达20～30 cm长。因此，不断地改良土壤，增加土壤有机质，合理施肥、灌水，促进细根生长发育，是扩大根系营养面积，增强树势的根本措施。

枣树的根系因繁殖方法不同分为实生根系和茎生根系两种类型。

1.实生根系　实生根系是由种子繁殖的枣树根系，由胚根向下形成主根和侧根构成的根系。枣实生根系有明显的主根，水平根和垂直根均很发达，一年生实生苗主根向下深达1～1.8 m，水平根长达0.5～1.5 m。

2.茎生根系　茎生根系是由分株、扦插萌生的根系。枣茎生根系的水平根较垂直根发达，水平根系四周扩伸能力强，其分布范围是树冠的2～5倍，故水平根又叫"串走根"或"行根"，其主要功能是扩大根系水平分布范围和产生不定芽形成根蘖。有水平根向下分枝形成垂直根，生长势比水平根弱，主要作用是扩大根系垂直范围。吸收根主要分布在表土层5～25 cm。

（二）根系的分布

枣树根系的分布与树龄、栽培方式和土壤类型有关，成龄树的根系，水平向可延伸到距干15～18 m以外的远处，超过树冠半径的3～6倍；垂直分布在土质好、土层深厚的条件下，可深达4 m以上。一般枣园中，垂直根在15～60 cm土层内分布最多，占总根量的70%～75%。树冠下为根系的集中分布区，占总根量的50%～70%。

根系的分布依土壤质地、耕作方法和肥水条件不同而有变化。从土质来看，生长于沙土或土层较厚的枣的根系深，而在黏土或地下水位高的地区，枣的根系浅；在同质土壤中，管理粗放的根系浅，耕作细致的根系深。因此，改土工作与根系分布密切相关，深翻改土，加强土壤管理，使土层深厚，提高肥力，改善根系生长条件，是枣树优质丰产的关键。

（三）根的生长发育规律

移栽后的枣苗根系由弱到强经历的时间，比一般果树长得多，原因是断伤的根不容易发生新根恢复生长。定植的苗木，根系好的，也要在发芽以后两个月左右才长出新根；根系不好的，往往经过四五个月才长出少数的细弱新根（郭裕新，2010）。

枣树根系先于地上部分生长，开始生长的时间因品种、地区和年份而异，这是因为枣树属于亚热带树种，各种器官的生长都需要较高的温度。大部分地区在3月初至4月初，地温达到8～9 ℃，细根才开始生长。4～5月枝叶旺盛生长期，根系生长缓慢；进入6月，枝叶生长趋于缓慢，开始积累营养物质，根系生长加快；7～8月，枝叶生长基本停止，有机营养物质大量积累，土温高、水分充足，根系生长进入高峰期，以后因温度下降渐渐停止；落叶始期至终期进入休眠。根系生长期在190 d以上。

枣树当年地上部分生长的强弱直接影响根系生长的强弱，全树贮存营养物质的多少和根系吸收养分的能力直接影响地上部分的生长强弱和结果能力。弱树和结果过量的树，根系生长停止较早，第二年发根较晚、数量也少；过弱的树，往往要在发芽后才慢慢创出少量新根，这也是弱树发芽后枝叶生长缓慢的内在原因。复壮弱树的生长势，需要经过增加积累贮藏有机营养物质，促根生长的较长过程。

二、芽、枝类型及生长发育规律

枣树有两种芽、三种枝条，即主芽和副芽，枣头、枣股和枣吊。

（一）芽

1.主芽和副芽　主芽又称正芽或冬芽，外被鳞片裹住，一般当年不萌发。主芽着生在一次枝与枣股的顶端和二次枝基部，主芽萌发可形成枣头，枣股每年生长量仅1～2 cm；副芽又称夏芽或裸芽。副芽为早熟性芽，当年萌发，形成脱落性和永久性二次枝及枣吊，枣吊叶腋间副芽形成花。

2.隐芽和不定芽　主芽潜伏多年不萌发，称隐芽和休眠芽（枣股和发育枝上的主芽，大多潜伏成隐芽）；不定芽：没有一定的时间和部位，多出现在主干、主干基部和机械伤口处，萌发后，可形成枣头。

（二）枝

1.枣头　又叫发育枝或营养枝，即当年萌发的枝条，由主芽萌发而成。枣头由一次枝和二次枝构成。枣头一次枝具有很强的加粗生长能力，因此能构成树冠的中央干、主枝和侧枝等骨架。二次枝即枣头中上部长成的永久性枝条。枝型曲折，呈"之"字形向前延伸，是着生枣股的主要枝条，故又称"结果基枝"。

2.枣股 短缩性结果母枝，是由枣头和二次枝上的主芽萌发形成的短缩枝，枣股每年生长量很小，仅1～3 mm，而副芽每年抽生枣吊，一般每股抽生2～5个枣吊，但寿命很长，一般可达一二十年。结果年龄最强为3～8年。

3.枣吊 又称脱落性枝，也称结果枝，由枣股上的副芽萌发而成。每枣股可发2～5条或更多，枣头基部和当年生二次枝的每一节也能抽生一条。它具有开花结果和承担光合效能的双重作用，因每年都要脱落，又称脱落性果枝。枣吊的长度一般为12～25 cm，10～18节，长度达40 cm以上。以3～8节叶面积大，以4～7节结果多。

木质化枣吊 在当年枣头经过修剪或摘心刺激后在其副芽上抽生或在新形成的二次枝上抽生，是矮化枣树的一种新型结果枝，它基部粗壮发红，叶片大而浓绿，具有很强的结果能力，所结果实个大。木质化枣吊一般长30～60 cm，单枝坐果多为5～10个，最多可达20～37个，结果枝可占到总果枝数的50%～70%，是矮化成龄枣树的一种主要结果枝。木质化枣吊一般从5月中旬抽生到8月上旬生长停止。木质化枣吊抽生比脱落性枣吊晚20～25 d，生长期停止比脱落性枣吊晚30 d，整个生长期比脱落性枣吊长15 d左右。脱落性枣吊花期65 d，而木质化枣吊花期则长达80 d，脱落性枣吊始花期比木质化枣吊早10 d左右，木质化枣吊末花期比脱落性枣吊晚20 d左右，木质化枣吊的花量多，花蕾大而饱满，其单吊着花量是脱落性枣吊的2.5倍（杨艳荣，2007）。

对5年以上的矮化枣树，可以通过调控木质化枣吊达到更新结果枝，获得丰产目的。

三、花芽分化及开花规律

（一）花

枣树属两性完全花类型，由雄蕊、雌蕊、花盘、花瓣、花萼、花托、花柄等七部分构成，是典型的虫媒花。每花序一般有单花3～10朵，多者达20朵以上。每个枣吊着生40～70朵，4～6节开花最多，花期35 d左右。

枣花发育从现蕾到蕾黄分4个阶段：显蕾期、显序期、显扁期、显黄期。

枣花开放分为6个时期：蕾裂、初开、瓣立、瓣倒、花丝外展、柱萎。枣花寿命较短，从初开到瓣立，花粉发芽率较高，是授粉受精的最佳时间。

单花的开花期在一天内完成，但授粉期可延长到1~3 d。

（二）枣树开花、授粉和结实

枣树的花芽分化与一般落叶果树不同。枣树的花芽是当年分化，边生长边分化，分化速度快，分化期短，单花芽分化只需6 d，一个花序分化完需要6~20 d，一个枣吊花芽分化期需30 d左右，单株花芽分化完成需60 d左右，和葡萄副梢花芽分化相似。花芽形成后经过40 d左右即进入开花结果期。枣树有花期长和多次结果现象，是枣树设施栽培和一年两收丰产栽培的基础。

枣树比其他果树开花晚，开花所需温度较高，日均气温达到18 ℃以上才开始开花，日均气温达到20 ℃以上进入盛花期，7月份日均气温可达到33℃以上，绝对最高气温超过36 ℃，当年枣头上的花蕾仍能正常开放和结果。枣树开花的早晚与品种、生态环境、枝龄等有关。一般多年生枣股枣吊比当年生枣头枣吊开花早，旱地比水浇地开花早。开花顺序为枣吊上基部先开，逐步向上；同一花序中花先开。在北方枣区，一般5月下旬初花，6月上中旬盛花，6月下旬至7月上旬终花。

枣花的开放需要一定的温度，当日均气温达23~25 ℃以上时进入盛花期。随温度升高，开花时间也提早，如温度过高，缩短开花期，温度过低则影响开花进程，甚至坐果不良。花期降雨对枣开花影响不大，干旱则影响坐果。阴天可延长花期。

枣的授粉和花粉发芽均与自然条件有关。花期低温、干旱、多风、连雨天气都对授粉不利。枣的花粉发芽以气温24~26 ℃为宜。湿度低于40%~50%则花粉发育不良，出现"焦花"现象。

四、坐果及果实发育规律

枣花授粉受精后果实即开始发育，由于花期长，坐果期不一致，因而果实生长期长短也不同，但果实停止生长的时间则差不多。根据枣果细胞分裂和果形变化，可将果实发育划分为三个时期：

1.迅速增长期　此期是果实发育最活跃时期，细胞分裂迅速，分裂期的长短是决定果实大小的前提，一般分裂期为2~3周，大果品种长达4周。此期消耗养分较多，如肥水不足，则影响果实发育甚至造成落果。

2.缓慢增长期　细胞和果实的各部分增长减弱，核已完成硬化。此期的果实重量和体积呈直线上升，持续时间的长短，依品种而异，一般4周左右，持续期长的果实较大。

3.熟前增长期　此期的果实增长很慢，主要特点是进行营养物的积累和转化，果实外形增长微小。果皮退绿变淡，开始着色，糖分增加，风味增强，直至果实完全成熟。

五、营养特性与需肥规律

枣树与大田作物和蔬菜作物不同，为多年生木本植物，生长周期长。在其整个生命周期中，各种枣树都经历生长、结果、更新和衰老的变化过程，而在年周期中则有萌芽、抽梢、开花、结果、成熟和休眠等不同物候期。在不同生育期中，各种枣树的营养特点不相同，但与大田作物和蔬菜作物相比，枣树在营养上具有独特的特点。

（一）枣树的主要营养需求特点

1.吸取养分量大　为了满足其地上和地下部分生长发育以及年年提供大量果品的需要，枣树每年都要从土壤中吸取大量的营养物质，尤其是成年枣树吸收量更大。

2.持续消耗养分　枣树生长周期长，一般同一植株在同一地块上要持续生长几十年。由于枣树有位置固定，连续吸收养分的特点，往往会使土壤中某些营养元素过度消耗。因此，必须通过施肥及时给予补充，否则会出现某些微量元素（如硼、锌）的缺乏症而影响果品产量和品质。此外，枣园除注意适当施用大量元素肥料外，还应针对具体土壤的农化特性和枣树树种对微量元素的反应，施用相应的微量元素肥料。

3.需要冬前贮备养分　枣树树体大，在其根、枝、干内，贮藏大量营养物质，除碳水化合物外，还有含氮化合物和多种矿质元素。枣树早春萌芽、开花和生长，主要消耗树体贮存的养分。因此，在果实采收后至落叶前，一般应早施基肥，以有机肥料为主，配合施用部分氮磷钾化肥，使树体内贮存丰富的养分，供来年早春使用，对提高开花率和坐果率，促进枝条健壮生长、果实膨大和增产均有一定作用。枣树早施基肥还有利于促进花芽分化、克服枣树大小年结果现象。

4.吸收深层养分能力强　吸收深层养分能力强，枣树施肥必须注意这一特点。同时，枣树根系发达，入土很深，吸肥能力强，对外界环境条件的适应性比大田作物或蔬菜作物强。尤其是成年枣树，可从下层土壤中吸收某些养分，以补充上层土壤中养分的不足。枣树施肥时不仅要考虑表层土壤，更要考虑根系大量分布层的土壤营养状况，把肥料施到一定深度，特别是移动性小的磷钾肥料更应深施，以利于根系吸收和提高肥料的增产效率。

5.树体营养差异大　枣树一般是利用嫁接方式繁殖的，砧木不同，从土壤内吸收营养元素的能力不同；接穗品种不同，需肥情况也有差异。

6.具有年周期的营养特点　枣树是多年生作物，其年周期的营养特点是：生长初期（萌芽、开花和枝叶迅速生长期）需氮最多，以后需要量开始下降，至果实采收后仍需一定量的氮素；磷的含量在生长期内有所增加，但直到后期需要量变化不大；钾在生长初期含量较多，生长中期为吸钾高峰。

（二）枣树不同生育期的需肥特点

1.周年养分需求特点

枣树在一年中吸收氮、磷、钾的总趋势是：在生长初期，如萌芽、开花和枝叶迅速生长期需氮多，以后逐渐下降，至果实采收后仍需一定的氮素，以促进花芽发育和合成储藏物质，为来年生长做准备。枣树对磷的需求，在生长初期多些，但以后需要量变化不大。钾是生长初期含量较多，中期是吸钾高峰期。枣树各个生长期对营养元素的要求是不同的。萌芽到开花期以氮素为主，前期枝叶生长至花蕾发育对氮的要求迫切；6月至8月上旬为幼果期和根系生长高峰时期，要求氮、磷、钾配合供给；果实成熟至落叶前，树体主要进行养分积累储藏，根系肥料的吸收显著减少。

2.养分分配规律

（1）氮的分配规律

在不同的生育时期，各器官中养分含量有很大差异。叶片含氮量最高，其次是枣吊，主干中含量最低。不同生育时期各器官中养分分配也有较大差异，展叶前枣头枝全氮含量高于主干和二次枝，说明从枣树开始萌动返青，氮素就已主要集中在较幼嫩器官，为发芽、展叶提供足够的养分支持。在花期，不同器官中全氮含量大小顺序为：叶片>枣吊>多年生枝>二次枝>枣头枝>根>主干，叶片和枣吊是全氮分配最多的器官。在坐果期，各器官中全氮含量大小顺序为：叶片>枣吊>二次枝>枣头枝>多年生枝>根。在果实成熟期，各器官中的养分实现了重新分配，养分大小顺序为：叶片>枣吊≈二次枝>根系≈枣头枝>主干。按不同时间来分析，主干和根系中四个时期全氮含量比较接近，从展业期到果实成熟期有逐渐下降的趋势，而枣头枝和二次枝则是先升高后降低。

（2）磷的分配规律

枣吊中全磷含量最高，主干中含量最低。各生育时期各器官中全磷分配差异较大，展叶前全磷含量最高的器官是根系，其次是主干和二次枝，枣头枝中含磷最低。在花期，不同器官中全磷含量大小顺序为：枣吊>叶片>枣头枝≈二次枝>多年生枝≈根>主干，叶片和枣吊是全磷分配的主要器官。在坐果期，各器官中全磷含量大小顺序为：主干>枣吊>叶片>根>枣头枝≈二次枝>多年生枝。在果实成熟期，各器官中的全磷含量大小顺序为：枣吊>主干>根系>枣头枝≈多年生枝>二次枝。按不同时间来分析，在主干、枣头枝、二次枝中，从展叶到果实成熟的四个时期，全磷含量呈现先升高后降低的趋势，在多年生枝和根中则是先降低后升高。在枣吊叶片中，从花期到果实成熟期，全磷含量逐渐降低。

（3）钾的分配规律

枣吊和叶片中的全钾含量最高，其次是二次枝，根系中含量最低。不同生育时期各器官中全钾分配差异要比全氮、全磷显著，展叶前全钾含量普遍都较低，主干、枣头枝、二次枝和根系中差异不大。在花期，不同器官中全钾含量大小顺序为：枣吊>二次枝>叶片>多年生枝>枣头枝>主干>根，在该时期，枣吊、叶片、二次枝是全钾分配的主要器官。在坐果期，各器官中全钾含量大小顺序为：叶片>枣吊>枣头枝≈二次枝>多年生枝>主干≈根。在果实成熟期，各器官中的全钾含量大小顺序为：叶片>枣吊>二次枝>根系≈主干>枣头枝>多年生枝。按不同时间来分析，在叶片、主干、枣头枝、二次枝和根系中，从展叶到果实成熟的四个时期，全钾含量都呈现先升高后降低的趋势。在枣吊和多年生枝中，从花期到果实成熟期，全钾含量逐渐降低。一般来讲枣树需肥量较大，每生产100 kg鲜枣，需氮（N）1.5 kg、磷（P_2O_5）1.0 kg、钾（K_2O）1.3 kg。

（三）枣树缺素症状特点

枣营养失调的诊断方法主要有外形诊断、根外喷施诊断、化学诊断。其中外形诊断是基础，在没有化学手段的情况下，外形诊断可以通过经验在田间直接进行缺素症的判断。下面列出红枣主要营养元素缺乏的症状。

1.氮 红枣植株氮素供应不足时，新梢生长量小，树势衰弱，寿命较短。从枝条下部叶片首先开始表现出黄、红色，夏季叶片变薄，黄色严重且容易脱落。在生育后期叶片会出现橙色或红色。如果含氮过多，则枝叶旺长，落花落果严重，产量也低，树体休眠延迟，抗性差，容易产生病虫害。

2.磷 枣树缺磷，植株生长变慢，从枝条的下部老叶首先开始表现，叶片呈暗绿色，叶柄及叶背部叶脉呈紫红色。果实发育不良，产量降低，果实含糖量减少，对不良环境的抵抗力弱。

3.钾 枣树缺钾时树体营养物质积累少，根系和枝的生长受阻，果实产量低，品质差，贮藏性严重下降，如果缺钾严重，叶片边缘出现焦枯状褐斑。

4.硼　枣树缺硼时表现为枝梢顶端停止生长，从早春开始显现症状，到夏末新梢叶片呈棕色，幼叶畸形，叶片扭曲，叶柄呈紫色，顶梢叶脉出现黄化，叶尖和边缘出现坏死斑，继而生长点死亡，并由顶端向下枯死，形成枯梢。地下根系不发达，生长慢，明显弱于健树。花器发育不健全，落花、落果严重，表现"花而不实"。大量缩果，果实畸形，以幼果最重，严重时尾尖处出现裂果，顶端果肉木栓化，呈褐色斑块状，种子变褐色，果实失去商品价值。当然，病原也可引起红枣缩果病发生。

5.锌　枣树缺锌症，又叫枣树小叶病。枣树缺锌时，新梢节间缩短，植株矮小；顶端叶片狭小，叶肉褪绿而叶脉浓绿，花芽减少；不易坐果，坐果者，果实小且发育不良。

6.锰　又称枣树花叶病。枣树缺锰时，一般表现为叶脉间出现缺绿，失绿从新梢中部叶片开始，向上下两个方向扩展，严重时缺绿部分发生焦灼现象，且停止生长，叶脉间开始变黄，然后逐渐扩大，最后只留下绿色叶脉，致使全叶变黄。

7.铁　枣树缺铁时，植株茎秆瘦弱，从上部新叶开始出现失绿黄化，叶脉仍然保持原有的绿色，呈现较规则的网状叶纹叶。此病常发生于盐碱地或石灰质过高的地方，以及园地较长时间渍害中，以苗木和幼树受害最重。

8.钙　枣树缺钙后，首先幼叶会发生失绿现象，新梢幼叶叶脉间和边缘失绿，叶片呈淡绿色，叶脉间有褐色斑点，后叶缘焦枯。枣树缺钙时不能形成新细胞壁，细胞的分裂受阻，叶片小，严重时大量落叶，枝条枯死，花朵萎缩，果小而畸形，根系生长粗短弯曲，甚至形成根癌病，造成植株死亡。缺钙时，红枣果实易发生腐心病和裂果病，尤其是转色期，田间湿度过大则更易发生。缺钙多因土壤中一次性大量施用氮肥或钾肥引起，氮、钾施用量过多，与钙发生拮抗作用，会阻碍根系对钙元素的吸收，诱发缺钙。

9.镁　枣树缺镁时，首先新梢中下部叶脉间失绿变黄、渐变黄白，后逐渐扩大至全叶，进而形成坏死焦枯斑，但叶脉仍然保持绿色。缺镁严重时，大量叶片黄化、脱落，仅留下部、淡绿色、莲座状的叶丛；果实不能正常成熟。

枣树抗旱性虽然很强，但在生长季只有及时满足其对水分的需求，才能充分发挥其生产潜力。合适的水分供应，有利于肥料的分解、吸收和利用，而且各种营养元素在体内的运转也需要在水的参与下进行。水分不足，特别是生长期水分不足，容易造成减产、果实变小、品质下降。

六、枣树需水规律

枣树在生长季对水分的要求是比较多的。从发芽到果实开始成熟，土壤水分以保持田间最大持水量的65%～70%为最好。枣树在生长期中，特别是在生长的前期（花期和硬核前果实迅速生长期）对土壤水分比较敏感。当土壤含水量小于田间最大持水量的55%或大于80%时，幼果生长受阻，落花落果加重。在果实硬核后的缓慢生长期中，当含水量降低到5%～7%（沙壤土）或田间持水量的30%～50%时，果肉细胞会失去膨压变软，生长停止，直到土壤水分得到补充后，果实细胞才恢复膨压，开始生长。此期缺少水分，容易使果实变小而减产并影响质量。特别是北方枣区，在枣树生长的前期，正处在干旱季节，更应重视灌水，以补充土壤水分的不足，促进根系及枝叶的生长，减少落花落果，促进果实发育。北方枣区应掌握以下主要灌水时期。

（一）催芽水

枣树萌芽比较晚，北方一般在4月上、中旬萌芽前进行灌水，该期灌水可促进根系生长及其对营养的吸收运转，有利于萌芽、枣头和枣吊的生长及花芽分化，有利于提高开花质量，促进坐果和幼果发育。

（二）开花水

枣树花期对水分相当敏感，这不仅因为花期正处在各器官迅速生长期，对水养分的争夺激烈，而且枣的花粉发芽也需要较高的空气湿度。水分不足则授粉受精不良，坐果率明显降低。同时，枣树开花期正处于北方干燥风季节，如水分不足，"焦花"现象严重，造成大量的落花落果。因此，花期是枣树需水的关键时期，花期灌水不但坐果率高，而且果实发育迅速。

（三）果实促长水

于7月上旬，在幼果迅速生长期，结合追肥进行灌水，可促进细胞的分裂和增长，是果实肥大的基础。此期水分不足，同样会使果实的生长受到抑制而减产，降低枣果品质。

（四）果实转色水

果实进入变色期，果实内开始积累水分和干物质，浇水可增加空气湿度，拉大温差，利于果实内糖分的转化，果实着色快。

（五）上冻水

秋施基肥后，在土壤结冻前灌水，降低地温和树温，缩小温差，利于枣树安全越冬，一般称为上冻水。

灌水除了要抓住枣树需水的关键时期，而且要根据气候、土壤情况，因时因地而异。南方枣区，自然降雨一般能满足枣树对水分的要求，但7～8月份干旱的年份，也需灌水补充。枣树的水分临界期与需肥临界期相似，因此多结合施肥，在肥后灌水。

第二节　枣树生态学特性

一、枣与温度的关系

枣树为喜温树种，对温度的适应范围很广，它既耐高温又抗严寒。枣树生长期要求气温较高，日均气温13～15 ℃以上时开始萌芽，地温达到11 ℃时开始生长活动，17～19 ℃时进行抽枝和花芽分化，20 ℃以上开花，花期适温为23～25 ℃。果实生长发育需要24 ℃以上的温度，秋季气温降至15 ℃开始落叶。枣树根系开始生长地温为7.3～20.0 ℃，20～25 ℃生长旺盛。地温低于21 ℃时，生长缓慢，至20 ℃以下则停止生长。

二、枣与水分的关系

枣树抗旱耐涝，对湿度的适应性较强。如在年降水量不足100 mm的甘肃敦煌和降水量在1000 mm以上的南方均能正常生长发育，但以年降水量400～700 mm较为适宜。不同生长期对水分的要求不同。花期要求较高湿度，此期空气干燥，则影响花粉粒萌发，不利授粉受精，易造成大量落花落果。果实成熟期要求少雨多晴天气，如阴雨连绵，则引起落果、裂果和浆烂。虽然枣树抗旱耐涝，但如果水分供应不足，则对萌芽、开花、坐果、果实发育、产量和质量都有很大影响。萌芽期水分不足，则萌芽不整齐；花期缺水，则坐果率低；果实发育期缺水，则落果多、果实小、产量低、品质差。

三、枣与光照的关系

枣树为喜光树种，光照强度和光照时间对光合作用有直接影响。栽植过密或树冠郁闭，影响发枝，致使枣头生长不良、二次枝短小、生长结果多在树冠外围、内膛生长结果不良，从而影响产量和品质。在平原地区，应采取宽行密植方式，行向以南北为宜，行距为株距的1.5倍以上。

四、枣与土壤的关系

枣树对地势和土壤条件的适应力很强，抗盐碱、耐瘠薄，山地、平原、河滩、沙地、盐碱地，沙土、沙壤土、壤土、黏壤土，pH在5.5～8.5范围内，均能生长。但以土层深厚的沙质壤土栽培枣树生长结果最好。

五、枣的抗风能力

枣树在生长期抗风力较弱。3级以下的风对枣树生长发育无不利影响，但在花期遇大风影响授粉受精，易导致大量落花落果。果实发育后期，尤其是成熟前遇五六级以上大风，则易造成大量落果，也易造成骨干枝劈裂。

枣树在休眠期抗风力强，有较强的防风固沙能力，可营造防风固沙经济林。

第三节　骏枣生物学基础

骏枣主产于山西省交城县边山一带，在瓦窑、磁窑、坡地等村栽培较集中，为当地主栽品种。栽培历史1000余年，现尚存百年以上古老枣树林（李登科，2013）。

一、植物学特性

树冠多呈圆头形，树姿半开张，干性较强。主干灰褐色，皮部纵裂，裂纹浅，易剥落。枣头枝褐红色，年生长量34～81 cm，平均54.8 cm，着生永久性二次枝6～7个，长度平均26.8 cm，节间长8.5 cm，微曲，皮孔突起，中大较多，灰白色。枣股肥大，黑灰色，长圆锥形，通常抽生枣吊3～5个，吊长12～21 cm，着果较多部位在6～10节。枣吊有叶9～14片，叶片中大且厚，卵圆形，长4.2～6.5 cm，宽2.1～3.2 cm，先端锐尖，边缘钝齿，基部圆形，深绿色，叶柄长0.2～0.6 cm。花量中密，每一花序有单花1～7朵，平均4.5朵，在新疆花期较长，优势花序较灰枣较散，但花较大，花径7.6 mm，昼开型。

二、生物学特性

树势强健，树体高大，枣头萌发力强，当年结实力强。进入结果期早，一般栽后2~3年即大量结果，丰产稳产，盛果期寿命长。30年生单株产鲜枣45~70 kg。在交城产地，4月中旬发芽，5月下旬开花，6月中旬达盛花期，9月中下旬果实成熟，10月中旬落叶。在新疆南疆主产区，2年生酸枣砧木嫁接苗当年单株产量达2.5 kg，尤其在直播建园中表现出极强的早期丰产性能。盛果期单株产鲜枣10~12 kg。坐果率较高，枣头、2~4年枝的吊果率可达29.6%、58.5%（李登科，2013）。在山西太谷地区，9月中旬开始成熟，属中熟品种类型。在阿克苏、和田地区，9月下旬至10月下旬为果实的成熟期，从果实转色期开始，如遇雨，易裂果且容易引起黑斑病，易脱落。

三、果实性状

果实大，圆柱形或长倒卵形，纵径5.07 cm，横径3.46 cm，平均果重22.9 g，最大果重36.1 g，大小不均匀。果顶平，果肩较小，略耸起，梗洼较深、中广。果面光滑，果皮薄，深红色，果肉厚，白色或绿白色，质地略松脆，汁液中多，稍具苦味，用途广泛，鲜食、制干、加工蜜枣、酒枣均可，是加工酒枣最佳品种之一。鲜枣可溶性固形物33.0%，可食率96.3%，总糖28.7%，酸0.45%，100 g果肉维生素C含量430.20 mg；果皮含黄酮1.78 mg/g，cAMP含量102.14 μg/g，制干率56.8%，干枣总糖71.77%，酸1.58%。酒枣含可溶性固形物36.30%，总糖30.83%，酸0.83%。果核小。纺锤形，果核重0.85~0.97 g。小果核壁薄而软，有退化现象，含仁率8.3%，种仁不饱满。

第四节　骏枣栽培学特性

一、物候期

果树在一年中，生命活动随季节气候变化而进行的器官形成、生理机能的规律性变化称为物候期（刘生禹，2001）。物候期因果树的品种、栽培方式、立地环境条件等不同而有差别（田伟政，2006）。骏枣在不同地区物候期不同（表2-1）。

表2-1　骏枣在新疆南疆各地区物候期

地区	物候期（日-月）								
	萌芽	展叶	初花	盛花	末花	果实膨大	果实白熟	果实成熟	落叶期
阿克苏	16-04	28-04	24-05	25-05	18-06	11-07	18-08	28-09	15-10
和田	06-04	20-04	16-05	20-05	15-06	06-07	11-08	11-09	12-10
喀什	20-04	28-04	26-05	29-05	20-06	10-07	18-08	25-09	20-10
库尔勒	15-04	29-04	25-05	28-05	16-06	10-07	19-08	27-09	18-10

二、根系生长特性

骏枣根系年生长动态调查研究表明（王新建，2020年），骏枣根系从整体来看有3个明显的生长高峰期。在4月初开始生长，直至5月初根系的生长量日趋增加，且以一个较快的速度生长，在5月底左右出现1个生长高峰，而后生长的速度逐渐下降，在7月底和8月底分别有1个生长高峰期。在11月中下旬通过显微镜观察，骏枣根系已经停长。骏枣根系的分布主要存在于地表下10～60 cm的范围内。骏枣根系较细且分布较浅，有非常明显的向水向肥的特点。吸收根和输导根主要在5月、6月、7月中生长较为旺盛。在根系生长出现第1次高峰期时，枣头枝的生长也随即出现第1次生长高峰，而枣吊生长高峰期、二次枝的伸长生长高峰期和根系生长高峰期是交错进行的，相差10 d左右，但二次枝的粗生长高峰期与根系第1个高峰期出现时间较为一致。在7月，根系生长速度较缓慢，这时果实的生长速度逐渐加快，在9月中下旬，骏枣果实的生长达到最大值，根系的生长随后出现1个生长小高峰。

三、木质化枣吊发育特性

骏枣根系发达，生长旺盛，进入盛果期后丰产性好，且果个大，含糖量高，制干品质优良（曲泽洲，1991），但近年来随产量逐年提升，果实品质出现下降的迹象。枣吊是枣树结果的基本单位，分为脱落性枣吊和木质化枣吊，木质化枣吊的生长速度要比脱落性枣吊快得多（杨艳荣，2007），且花期长，花蕾大而饱满，结果能力强，叶片光合效率高，果形更大，因而利用木质化枣吊结果比传统的脱落性枣吊结果具有一定的优势（时碧玲，1999；沈庆宁，2009）。沈庆宁等（2009）对不同枣品种的木质化枣吊特性、功能、形成原因进行探讨，认为木质化枣吊的形成与品种生长习性、营养、水分、修剪措施、树龄等关系密切。唐忠建（2012）、杜建丰（1993）、王浚明（1989）、陈贻金等（1983）均研究了摘心抹芽与木质化枣吊形成及对枣果品质的影响，认为摘心抹芽是培养木质化枣吊的重要技术措施，能明显提高坐果率和枣果品质。晏巢（2013）、王森等（2017）从光合效率、开花结果能力、形态结构上，揭示了木质化枣吊具有优异结果性能的原因在于养分输导及积累能力更强，花芽分化质量、花粉量及花粉萌发率更高，且木质化枣吊叶片具有较强光合速率。徐胜利等（2012）针对塔里木荒漠绿洲骏枣直播建园总结提出了木质化枣吊的培养技术。郝庆等（2018）对骏枣木质化枣吊发育特性及其农艺调控研究表明，木质化枣吊比脱落性枣吊的花期持续时间长 12 d 左右、生长发育期长 20 d 左右、果实成熟期晚 15 d 左右。骏枣木质化枣吊的生长量、果吊比等指标显著高于脱落性枣吊。

四、果实生长发育特性

按照目前多数学者的研究，枣果的发育过程可分为四个时期（郭裕新，2010）。

（一）花后缓慢生长期

历时 2 周。此期从花朵开放后蜜盘变绿，形成圆锥形幼果，直至锥形幼果上端开始平展生长时止，此期花柱基部、花柱、子房和部分蜜盘组织衍化成分生组织，细胞快速分裂增长。期初，蜜盘由白变绿，由花柱、基部、花柱沟、子房、蜜盘、花托组成的花器发育形成短小的锥形果，最后长成高略大于底径的平顶锥形幼果。果实的体积、重量增长缓慢。

（二）幼果迅速增长期

历时 3~4 周。期末花托外围组织推移到果实的底部，反卷内凹，果实外形由平顶锥形演变为品种特有的椭圆形。果实体积、重量快速生长，纵、横径日增量分别约为 0.7 mm 和 0.5 mm。此期因果肉细胞的发育，果实含水量继续增长，达到 85%；密度缓慢下降。

（三）硬核缓慢增长期

历时 3~8 周。果实外形变化较小，果径增长缓慢，中果型和大果型品种的果实纵横径增长幅度为 0.4~1.2 cm，中熟品种的日增量分别为 0.2~0.3 mm 和 0.2~0.28 mm。由于果核细胞木质化，过重增长仍保持较大的势头，早中熟品种日增量为0.12～0.17 g，总增长幅度为2～5 g。果皮和果肉细胞生长减慢，果核体积增长微弱并渐趋停止，但细胞壁继续加厚，加重木质化。果肉含水量保持较高水平，为82%～86%，但因空胞渐多渐大，密度继续下降，期末多数品种在0.77～0.86。

（四）熟前增长期

历时3～6周。果实生长期短的早熟品种短于生长期长的晚熟品种。果实外形变化较大，期初果径增长缓慢，但果实体积、重量增加较大，后期停止。中果型和大果型品种，果径增长0.5～20.0 cm，横径增长往往比纵径明显。果重增加2.6～10.3 g。果皮先由绿色褪成绿白色或乳白色，继而逐渐着色转红，直到全面转成褐红色。果肉细胞以及细胞内的液泡不断增大，由细胞间隙扩展成的空胞继续增多加大，出现有数个、数十个薄壁细胞围成的大腔室。果核形体、重量没有明显变化。后期果实含水量降低，期末为60%～68%；密度因糖分增加回升，期末一般达到0.83%～0.99%。

纵观枣的发育过程可见，花后缓慢增长期和幼果迅速增长期是果实细胞分裂、增长的重要时期，为果实的大小奠定细胞组织规模的基础，此时细胞分裂旺盛，个体大才有可能长成优质大果。缓慢增长期和熟前增长期，细胞分裂大体停止，细胞径长增长虽然缓慢，但体积、重量增长仍然很快，此时旺盛进行的细胞分化、胞壁增厚、液泡内含物充填等细胞内部的生理活动都需要大量的营养物质。

（五）骏枣在南疆果实生长发育的动态

骏枣果实生长发育过程在新疆阿拉尔市表现为果实鲜重呈"慢-快-慢-快"的双"S"型生长趋势，两次峰值分别出现在果实迅速膨大期和成熟期，在果实完全成熟后（9月20日），果实鲜重表现下降趋势。果实纵横径在整个生长过程中表现缓慢增长的趋势，但在果实发育前期，纵径的增长速率高于横径，后期无明显变化。果实鲜重在7月18日之前变化缓慢，之后，果实鲜重增加迅速，果实处于快速生长期。7月30日到8月19日，骏枣果实鲜重增加平缓，之后，果实处在快速增长期，鲜重增加迅速。因此，骏枣果实生长发育过程中有2个快速生长的阶段：分别是7月18日至7月30日，8月19日至9月20日，其第2次快速生长时的速率明显大于第1次快速生长时的速率。

参考文献

[1]杨艳荣,赵锦,刘孟军.枣吊的研究进展[J].华北农学报,2007(22):53-57.

[2]李登科,牛西午,田建保.中国枣品种资源图鉴[M].北京:中国农业出版社,2013.

[3]郭裕新,单公华.中国枣[M].上海:上海科学技术出版社,2010.

[4]刘生禹,赵志贤.陕北黄土高原峁状丘陵区枣树引种试验研究[J].西北林学院学报,2001(3):18-22.

[5]王斌,周广芳,单公华,等.不同枣品种的物候期观察[J].落叶果树,2002(4):45-46.

[6]田伟政,刘德良,陈志阳,等.几个引进枣品种生长发育规律的研究[J].激光生物学报,2006(4):168-170.

[7]郭建玲,秦恒山,王新建,等.骏枣根系年生长动态调查研究[J].现代园艺,2020(21):3-8.

[8]曲泽洲,王永蕙.中国果树志·枣卷[M].北京:中国林业出版社,1991:42.

[9]时碧玲.梨枣枣吊生长与结果习性的观察初报[J].陕西林业科技,1999(2):22-23.

[10]沈庆宁,李玉成,李丰.对枣树木质化枣吊的特性、功能及形成原因的调查研究[J].宁夏农林科技,2009(5):8-9.

[11]唐忠建,何梅,高俊萍.摘心与抹芽对木质化枣吊形成的影响[J].北方园艺,2012(22):26-28.

[12]杜建丰.枣头摘心的效应[J].落叶果树,1993,10(3):142-145.

[13]王浚明,李疆.修剪对枣头发生与发展的效应[J].河南农业大学学报,1989,23(3):11-19.

[14]陈贻金,侯尚谦.枣树摘心的增产作用[J].山西果树,1983(2):39-40.

[15]晏巢,王森,邵凤侠.南方鲜食枣木质化与非木质化枣吊叶片光合效率的比较[J].经济林研究,2013,31(2):113-117.

[16]王森,晏巢,邵凤侠.南方鲜食枣两种类型枣吊开花结果能力比较分析[J].中南林业科技大学学报,2017,37(3):9-16.

[17]徐胜利,陈小青.荒漠绿洲直播建园红枣光照分布及其对枣吊产量品质的影响[J].安徽农业科学,2012,40(14):8035-8037,8125.

[18]樊丁宇,杨磊,郝庆,等.骏枣木质化枣吊发育特性及其农艺调控措施[J].新疆农业科学,2018,55(7):1245-1251.

第三章　骏枣品质形成的内在因素调控

第一节　植物激素调控

果实品质在很大程度上取决于糖的种类和含量（Teixeira，2005）。果实内积累的糖分主要有蔗糖、果糖、葡萄糖等，而与这些糖代谢密切相关的酶主要有转化酶（Ivr）、蔗糖合成酶（SS）和蔗糖磷酸合成酶（SPS）3种，转化酶又包括酸性转化酶（AI）和中性转化酶（NI）。

植物激素在调控果实糖分的积累中起着非常重要的作用（陈俊伟等，2004），生产中可用外源植物激素来提高果实糖含量，以提高果实内在品质。党云萍等（2003）用50～150 mg/L GA$_3$溶液喷施桃树试验表明，各浓度处理均显著促进了果实可溶性糖含量。关于生长调节剂对果实糖含量的影响，在苹果、梨、李和葡萄上均有报道。前人的研究表明，外源赤霉素（GA）、生长素（IAA）类激素物质、脱落酸（ABA）及细胞分裂素可在一定程度上或在不同发育阶段促进肉质果实的糖分积累（Brenner et al，1989）。6-BA处理花（果）穗可以促进叶片同化物的输出，可以明显增加其碳、氮同化物的输入（黄卫东，2002）。夏国海等（2000）研究蔗糖积累代谢与激素关系的结果表明，生长素（IAA）可提高蔗糖分解为还原糖的速率；赤霉素（GA）增加果糖积累速率；脱落酸（ABA）处理的果实蔗糖含量表现最高。IAA、GA与ABA在幼果期可促进糖向有机酸的转化，但在缓慢生长期都抑制糖分转向有机酸，抑制效果以ABA最显著，IAA其次，GA最小（王振平等，2005）。范爽等（2006）研究桃糖积累的结果表明，果实发育早期，可溶性糖主要是还原糖；中后期，非还原糖大量积累，而还原糖维持在相对较低的水平。在整个发育过程中，蔗糖持续积累，尤其在桃果实成熟期急剧增加，而还原糖含量在果实发育前期呈下降趋势，中后期维持在一个相对较低的水平。陈俊伟等（2004）研究表明，果实生长和含糖量高低与果实内糖的代谢状况密切相关。本研究主要就各类植物激素对不同发育阶段红枣果实糖输入与代谢调控进行了研究。

试验点位于新疆生产建设兵团第一师阿拉尔农场，地处新疆塔克拉玛干沙漠北部、塔里木河畔的阿克苏地区，属典型的内陆中纬度暖温带荒漠、半荒漠大陆性干旱气候，海拔1012.6 m，平均年降水量42.4 mm，年蒸发量2110.5 mm，相对空气湿度50%，年平均气温10.7 ℃，≥10℃活动积温约为4113.1 ℃，极端最低气温为-28.4 ℃，无霜期约为197 d。试验于2014年在阿拉尔农场12连731号地骏枣园进行，2010年直播，2011年嫁接，园相整齐长势一致，株行距1 m×1.5 m。枣园土壤主要为沙壤土，土壤碱解氮含量为56 mg/kg，速效磷含量8 mg/kg，速效钾含量为61 mg/kg，pH=7.8，含盐量为1.47%。

本研究采用随机区组设计，小区面积30×40 m²，复配6个配方处理，以现行枣园普遍施用的GA_3作对照（表3-1），每个处理3个重复取其平均值。当枣树开花量达到40%左右，枣花的密盘发油亮时，选择晴朗无风天气，于当天18点后进行喷施，间隔8～12 d进行第二次喷施。

表3-1　试验设计方案

处理	药剂	浓度 (×10⁻⁶)	药剂	浓度 (×10⁻⁶)	药剂	浓度 (×10⁻⁶)	药剂	浓度 (×10⁻⁶)	药剂	浓度 (×10⁻⁶)
T1	5-ALA	20	Na_2SO_4	2					B	300
T2	5-ALA	10	Na_2SO_4	2	GA_3	5			B	300
T3	5-ALA	10	Na_2SO_4	2	GA_3	10			B	300
T4	5-ALA	10	Na_2SO_4	2	GA_3	15			B	300
T5	5-ALA	5	Na_2SO_4	2	GA_3	10	CPPU	5	B	300
T6	5-ALA	5	Na_2SO_4	2	GA_3	10	CPPU	15	B	300
CK					GA_3	20			B	300

一、骏枣果实发育过程中糖分积累规律

糖含量高低是决定果实品质的重要因子。果糖、葡萄糖和蔗糖积累是骏枣果实内在品质形成的关键，深入了解果实内糖积累的机理，有助于通过栽培手段来提高果实糖含量或者利用育种等途径来有效地改良品质。本研究结果表明，骏枣果实中的糖积累类型属于糖直接积累型，前期以还原糖为主，主要是葡萄糖，后期以蔗糖积累为主。

（一）总糖动态变化

果实中总糖的积累随着果实的发育呈上升趋势，如图3-1所示。在果实发育的前期，即8月19日以前，果实中总糖的积累增加缓慢，到果实膨大期开始，总糖的积累快速增加。到果实白熟期时，总糖含量急剧积累，到果实成熟期，总糖的含量达到23.87%。

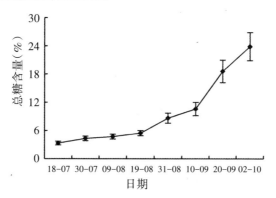

图3-1　总糖含量的变化

（二）蔗糖动态变化

骏枣果实中蔗糖的积累随着果实的发育呈上升趋势，如图3-2所示。在果实发育的前期，即8月9日以前，果实中无蔗糖积累，到8月19日，蔗糖出现缓慢积累，从8月19日到9月10日，骏枣果实蔗糖积累速率处于快速增长阶段，到9月10日以后，骏枣果实蔗糖含量出现急剧增长，与总糖积累的变化趋势较为一致。

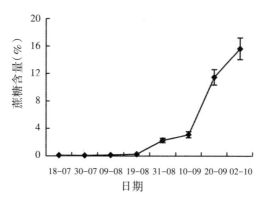

图3-2　蔗糖含量的变化

（三）还原糖动态变化

果实中还原糖的动态变化见图3-3，包括葡萄糖和果糖。从7月18日开始，总的还原糖含量持续增加，在9月10日达到峰值，为7.2%，之后开始下降，然后又上升到最高。总的还原糖含量和葡萄糖含量的变化趋势一致。还原糖中果糖含量的变化表现为缓慢增加的趋势，自9月20日开始变化速率增大，10月20日表现为最高。相对于葡萄糖，果糖含量在果实发育过程中所占比重较小。

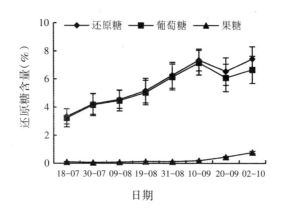

图3-3　还原糖含量的变化

二、复合型植物生长调节剂对骏枣果实糖积累的影响

植物激素处理也会调节果实糖的运输、代谢与积累（王永章，2000）。GA_3处理可提高可溶性糖的积累速率，显著提高转色过程中酸性转化酶的活性（孙盼盼，2011）。研究表明，喷施外源5-氨基乙酰丙酸（5-ALA）可改善枣树养分供应，增加果实可溶性糖类物质，加快着色，能显著改善枣果实品质（郭珍，2010），生长调节剂在改善果实品质方面取得了很好的效果。近年来，对骏枣的研究主要集中在生产技术、生物学特性、遗传多样性、组织培养等方面，本研究以骏枣为研究对象，采用不同植物生长调节物质复配成复合型的植物生长调节剂，研究其对果实发育过程中糖的含量及转化酶活性的影响，为调控骏枣果实糖分积累和提高新疆骏枣果实品质提供理论依据。

（一）不同植物生长调节剂对果实糖积累的影响

在果实发育过程中，各处理明显改变了骏枣果肉组织中葡萄糖积累的变化趋势（图3-4）。在果实第1次生长高峰期，即8月9日之前，各处理果实中葡萄糖的积累呈迅速上升趋势。从8月9日开始，葡萄糖积累速率减缓，T2和T5出现缓慢下降，在转色期（9月10日），T2、T3、T4和T6均提高了葡萄糖的含量，增幅分别是对照的14.74%、17.36%、19.16%和19.23%。在果实转色之后（9月20日），除T2上升外，其他各处理的葡萄糖含量均呈下降的趋势，至果实成熟（10月2日），T2和T3处理中葡萄糖含量下降，其他各处理均上升。各处理果实中葡萄糖含量低于对照。

果糖含量的变化基本呈现出"慢-快-慢-快"的变化趋势（图3-5）。在果实发育初期，各处理对果糖含量的影响较小，不存在显著性差异；而在果实转色过程中，各处理果糖的积累速率均比对照快，在转色期（9月10日），除T2外，其他各处理果实中果糖含量均高于对照。在果实转色之后（9月20日），果糖含量急剧上升，10月20日测得T2和T4处理果实中果糖含量高于对照。其他各处理较对照低，但差异不显著。

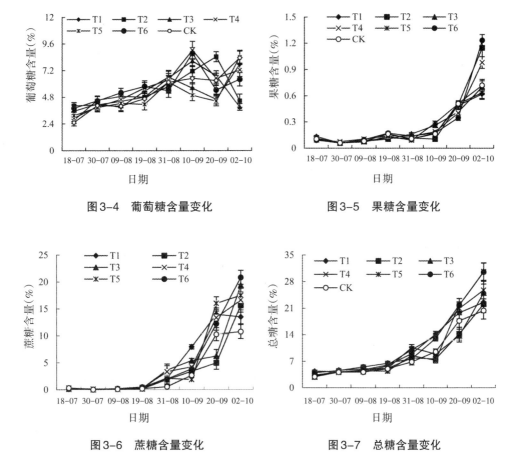

图3-4　葡萄糖含量变化　　　　　　图3-5　果糖含量变化

图3-6　蔗糖含量变化　　　　　　图3-7　总糖含量变化

在骏枣果实发育前期，蔗糖含量增加，但处于较低水平（图3-6）。从8月19日开始迅速上升，在9月10日之前，各处理果实中蔗糖含量均高于对照，9月20日测得T1、T4和T6的蔗糖含量高于对照，其他各处理较对照低，在果实成熟期（10月2日），不同复合型植物生长调节剂处理均提高了骏枣果实中蔗糖含量，T6较对照提高87.90%。由图3-7可知，在8月31日之前，骏枣果实中总糖的含量基本呈增长趋势。8月31日到9月10日，T2和T4处理开始出现缓慢下降，之后各处理均迅速上升，在果实成熟期（10月2日），各处理（T1、T2、T3、T4、T5和T6）果实中总糖含量较对照分别提高11.25%、10.42%、20.52%、21.25%、50.42%和51.52%，各处理与对照之间差异极显著（$P<0.01$）。

（二）不同植物生长调节剂对果实蔗糖转化酶活性的影响

果实中的转化酶包括酸性转化酶（AI）和中性转化酶（NI）2类。图3-8表明，在骏枣果实发育前期（7月30日）之后，AI酶活性开始下降，表现不规则变化趋势。使用不同生长调节剂处理显著提高了果实生长过程中AI的活性，从开花期到果实成熟的整个生长过程中均表现高酶活性，与对照差异达到极显著水平（$P<0.01$）。在骏枣果实发育前期（7月30日），除T1外，其他各处理AI活性均高于CK，7月30日之后的各个发育时期，各处理果实中的AI活性均高于对照。在果实成熟期（10月2日），测得T6中的AI活性表现最高，显著高于对照。

在骏枣果实发育的前期（7月30日～8月31日），经不同植物生长调节剂处理后果实中的NI活性和对照的变化趋势基本一致（图3-9）。8月19日测得各处理NI活性与对照之间差异减小，之后NI活性表现不规则波动。在8月31日，T1、T3、T4、T5和T6与对照相比，NI活性分别提高56.3%、23.7%、34.1%、11.9%和127.1%。在果实成熟时（9月20日），各处理NI活性均较对照增加。

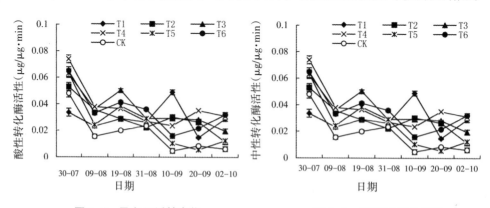

图3-8　果实AI活性变化　　　　图3-9　果实NI活性变化

果实经不同复合型植物生长调节剂处理后，糖分的含量基本呈"S"形曲线积累，同时果糖和葡萄糖的含量明显高于蔗糖，在果实完熟时，果糖含量均比对照高。影响糖代谢的相关酶包括转化酶，蔗糖合成酶（SS）和蔗糖磷酸合成酶（SPS）。但在以积累己糖为主的果实中，转化酶对果实糖分的积累起着主要作用。本研究发现，在骏枣果实的生长发育过程中，前期转化酶的活性较高，骏枣果实中只有少量的蔗糖积累；经不同复合型植物生长调节剂处理的骏枣果实在生长发育过程中，特别是转色过程中，转化酶的活性显著提高。

综上所述，以5-氨基乙酰丙酸为主复配6个处理与GA_3对比，在骏枣盛花初期进行叶面喷施，通过对果实发育过程中糖组分及蔗糖转化酶活性的测试结果表明，$5×10^{-6}$ 5-ALA、$10×10^{-6}$ GA_3与$15×10^{-6}$ CPPU的混合处理，与对照相比，显著提高果实的糖含量，增强了转化酶活性。

三、复合型植物生长调节剂对骏枣果实发育过程中内源激素的影响

植物内源激素是植物体内天然存在的一系列调控植物生命活动的有机化合物。在植物生长发育的不同阶段，由不同的激素起特定作用，并且各种激素之间起着协同连锁性的作用。落花落果的原因是果柄处离层的形成，而离层的形成与内源激素的平衡有关（Pollard，1970）。植物的内源激素与植物生长发育的生理代谢过程及调控有密切关系（Rasmussen，1973）。只有各种激素在植物体内协调运行，才能保证植物正常生长，否则便会导致植物的生长异常，坐果率降低，甚至造成树体死亡（王玖瑞，2005）。果实的生长发育过程实质是指从开花到果实衰老的全过程，在这一过程中，均受内源激素的调控。关于内源激素对果实发育的调控作用，在苹果（Luckwiil，1969）、柑橘（Sagee，1991）、芒果（Sant，1983）、樱桃（刘丙花，2008）等果树中有大量的研究。

目前，在研究落果与内源激素关系方面的报道中，胡芳名等（1998）对长枣生长发育期内源激素变化规律的研究结果表明，果实中GA含量高于同期叶和落果中的含量，保证果实生长和碳同化物向果实转移；果实发育期内IAA含量有两次低谷期，幼果中吲哚乙酸（IAA）含量开始下降，后来回升最后又下降，幼果中低含量的IAA和ABA不利于枣胚的发育，导致胚早期败育，造成大量落果。孟玉平等（2005）为了探讨苹果采前落果与内源激素之间的关系，测定了不同苹果品种的果柄、果台和离层形成部位组织中内源激素的含量，结果表明，不同品种果柄、果台和离层部位组织中IAA和ABA含量变化有差异，但它们变化的总趋势相似，都随着果实成熟IAA含量下降，

而ABA含量上升；不同品种的成熟果实中乙烯发生量有很大差异，落果多的品种显著大于落果少的品种；果实进入成熟阶段后，IAA含量下降，ABA含量升高，高ABA/IAA以及高乙烯会刺激离层组织中细胞壁分解酶的活性增高，进而促进离层形成，这可能是导致苹果落果发生的原因。贾晓梅等（2010）测定了冬枣强壮树、中庸树、弱树落果和正常果实内源生长素、赤霉素、脱落酸的含量。结果表明，冬枣在果实生长发育期均有落果发生，其2个落果高峰分别出现在7月底（生理落果）和9月底（采前落果）；强壮树、中庸树、弱树正常果中生长素、赤霉素含量高于同类树同期落果的含量，强壮树、中庸树、弱树落果中脱落酸含量始终高于同类树同期正常果的含量。

植物激素间的相互作用对植物的生长发育有重要的影响。不同激素间存在相互协同、对抗和因果等关系（袁晶等，2005）。它们之间既有相互促进或增效的作用，也有相互拮抗或抵消的作用。各类激素之间通过相互促进、相互制约作用共同影响植物生长，各个阶段上相对稳定的比例在植物生长发育过程中表现其增效与拮抗效应（梁雪莲等，2004）。张小红等（2001）研究表明，6-BA与GA₃配合使用可使香椿芽增殖效果最好，认为GA₃对6-BA有明显增效作用，既能促进芽增殖生长，又能防止、减轻玻璃化苗产生。Hugouvieux等（2001）分析乙烯和ABA作用基因，结果显示乙烯和ABA对种子的萌发具有拮抗作用。如果第一种激素的调控作用影响到第二种激素的作用，那么第一种激素所起作用的蛋白能够受到第二种激素所影响（即两种激素之间存在相互作用），独立的激素信号途径具有共享的相同组分（黄超等，2005）。

（一）不同调控处理对果实发育过程中内源激素含量的影响

不同处理下红枣果实内源激素含量随果实发育进程推进逐渐降低。自花后第3天开始，IAA的含量除T5和T6处理呈先上升后缓慢下降之外，其余处理均先急剧下降然后保持基本稳定状态，如图3-10所示。坐果初期，T2、T3和T4处理的IAA含量均显著高于CK，分别较CK提高了12.0%、16.8%和35.4%。从花后第3天到第27天的整个过程中，T1处理的IAA含量一直保持最低。CTK含量的变化，除T1在花后15 d到21 d之间果实纵径快速生长期间突然上升外，其余基本均呈下降趋势，如图3-11所示。在激素含量最高的坐果初期，T3、T4和T5处理的CTK含量分别较对照CK提高了2.07%、39.19%和12.05%。在花后第3天到第9天的幼果缓慢生长期，ABA含量除T1处理急剧下降外，其余处理下降速度相对缓慢，如图3-12所示。在花后第9天，不同处理条件下ABA的含量达到差异极显著水平，ABA含量最高的T2和T3处理，分别较CK提高了25.47%和18.71%，较含量最低的T1处理提高了159.4%。含量最低的T1和T5处理分别较CK降低了51.63%和32.90%。从花后第9天到进入幼果快速生长期后，除T4处理的ABA含量先急剧上升后下降外，其余处理均呈下降趋势。从花后第15天开始，不同处理的ABA含量基本保持平稳，其中T1处理的含量始终最低。在幼果缓慢生长期，T1处理的GA₃含量呈急剧下降趋势，T2处理的GA₃含量保持平稳，其余各处理的GA₃含量均呈缓慢下降趋势，如图3-13所示。从花后第15天开始，T4和CK处理的GA₃含量又出现高峰值，分别为15.43 ng/g·FW和13.76 ng/g·FW。在整个幼果期，即从花后第3天至第27天T5和T6处理的GA₃含量相对一直较低。

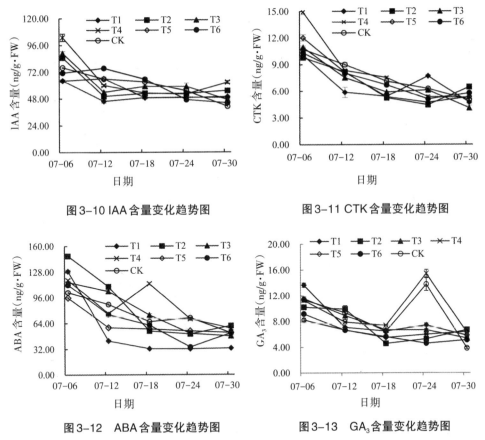

图3-10 IAA含量变化趋势图　　　　图3-11 CTK含量变化趋势图

图3-12 ABA含量变化趋势图　　　　图3-13 GA₃含量变化趋势图

（二）不同处理条件下果实发育过程中内源激素之间的相关关系

不同处理条件下果实发育过程中IAA与ABA关系变化如图3-14所示。在花后27 d之内，IAA/ABA比值出现两次高峰，第一次出现在花后第6天，T1

和T5处理的IAA/ABA比值最高，峰值为0.14。第二次在花后第21天，此时峰值由高到低依次为T1、T6和T3，分别为0.24、0.15和0.12，其中峰值最高T1的IAA/ABA是最低T4的3.1倍。在花后第27天，除T1之外，其余各处理的IAA/ABA比值均较小，均无显著差异。CTK/ABA关系变化如图3-15所示，同样在花后第6天和第21天出现了两次峰值。第一个波峰峰值由高到低依次为T5、T1和T6处理，分别为1.13、1.08和1.00。第二个波峰峰值最高的是T6和T3，分别为1.36和1.15。T1处理在整个过程呈抛物线形式，在花后第21天，出现的波峰与T6处理的波峰重合，但峰值是T6处理的1.12倍。花后第27天，T1的CTK/ABA极显著高于其余各处理。果实发育初期，GA₃/ABA的变化如图3-16所示，在花后第6天和第21天出现两次波峰，后者峰值极显著高于前者。T1处理的GA₃/ABA的变化与CTK/ABA相似，呈抛物线形式，且在整个过程中GA₃/ABA比值极显著高于其他处理，最高值出现在花后第21天，峰值为0.23。

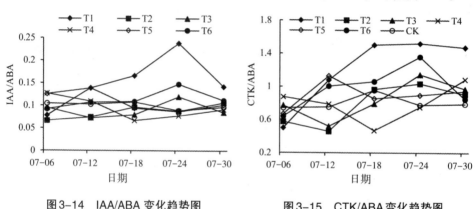

图3-14　IAA/ABA 变化趋势图　　　　图3-15　CTK/ABA 变化趋势图

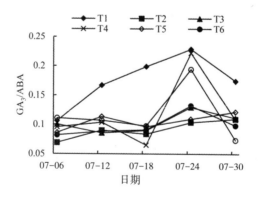

图3-16　GA₃/ABA 变化趋势图

植物激素是植物体内合成的、对植物生长发育有显著作用的几类微量有机物质，也被称为植物天然激素或植物内源激素。它们在植物体内部分器官合成后转移到其他植物器官，能影响生长和分化。果树生长、发育和繁殖的各个时期均受到植物激素的控制。植物生长调节剂是通过外源供给来影响植物内源激素系统，以便控制植株生理生化、器官形成的过程，塑造理想的个体造型和合理的群体结构，以达到生产预期目标。本研究结果表明，骏枣盛花初期喷施不同类型的植物生长调剂对幼果生长发育过程中内源激素均有不同程度的影响，5-ALA 与 GA_3 混合使用时，GA_3 浓度越高，IAA 和 CTK 的含量越高，说明 GA_3 促进 IAA 的合成和 CTK 分解，加快果实生长和膨大。相同浓度的 5-ALA、GA_3 与不同浓度的 CPPU 组合使用时，在花后第3天到第9天期间，IAA 含量逐渐升高，且 CPPU 浓度越高，IAA 的含量越大。直到花后第21天才降到最低。

　　另外，较高浓度 5-ALA 显著降低了红枣果实内源激素 IAA 和 CTK 的含量，但该处理条件下的红枣产量最高，主要在于从花后第9天开始，IAA/ABA 的比值极显著高于其余各处理，暗示此处理条件的整个过程中 ABA 的含量也在降低，果实内部的激素水平达到一个平衡稳定的状态，使其平稳度过了枣树花后第3周生理落果的高峰关键期。一定含量的 ABA 对胚生长、分化及贮藏物质的积累是必需的，ABA 的刺激依赖 IAA 的细胞分裂，低浓度的 ABA 和 IAA 制约胚的早期发育，而胚的败育成了枣树生理落果的直接原因。花器中内源 IAA 和 ABA 是影响枣自然坐果率的主导因子，特别是在枣单花开放的柱萎期最为重要。本研究表明，从幼果发育过程中 IAA、CTK、ABA 以及 GA_3 4种内源激素含量的变化分析说明，ABA 可能是既 IAA 之后影响红枣坐果的又一关键因素。在幼果前期各处理的 ABA 含量均较高，随着果实发育进程推移，ABA 含量逐渐降低，尤其在枣树生理落果的关键时期，含量相对较低的 ABA，有利于降低枣树的生理落果，可能原因在于 ABA 含量的降低，相反提高了 IAA/ABA 和 CTK/ABA，加快了细胞的分裂和生长速度。

四、复合型植物生长调节剂对果实发育细胞学特征的影响

　　植物解剖学是阐述植物细胞、组织和器官的显微结构和超微结构及其发育规律的科学，在比较观察中可以理解演化过程中由不特化到特化的变化（李正理等，1988）。根据近50年来，我国各类重点报刊的相关论文综合分析，我国的植物学工作者主要在植物的维管组织结构、叶的结构、花部结构及发育、果实及果皮特征、分泌组织以及一些原始种子植物等方面开展了比

较解剖学研究工作。近年来，人们借助显微镜、电镜技术对果树、蔬菜、花卉、农作物及其他显微结构和生物超微结构进行了研究。在果树研究中最多的是果实结构的观察，其次是花粉外部形念的观察（刘德兵，2003）。果实生长的实质是果实细胞的分裂、细胞的膨大及物质的积累与转化。果实的大小主要决定于果实的细胞数量和细胞体积。增大果实细胞的分裂能力和提高果实细胞体积膨大度，二者综合使果实的大小增加。果实最终大小取决于花前因素和果实的早期生长。果实细胞的活跃分裂通常都在花后数周之内。所以在较低的吸收供应条件下，细胞分裂是限制果实生长的一个主要因素。

有关激素与植物细胞显微、超微结构的关系目前无较多的研究。在果实生长中，激素物质都在参与对细胞分裂的调控过程。在细胞水平上，生长素可以影响细胞的伸长、分裂和分化。生长素结合蛋白（ABP1）是被确认的生长素受体，质膜上的ABP可能起接受胞外生长素信号的作用，将胞外信号向胞内传导，诱导细胞伸长。在果实发育中，细胞分裂素（cytokinins）具有促进坐果，影响果实同化物积累，影响胚乳发育的作用，通过促果肉细胞的分裂增大果实体积。赤霉素可以缩短细胞分裂周期中G1期和S期的时间，加速细胞分裂。在果实生长发育中，许多研究证实GA能刺激IAA的生物合成，GA与其他激素一起协同来调节果实的生长。Tanino等（1991）报告，外源脱落酸（ABA）处理可减轻低温对细胞结构的改变，同低温锻炼具有同样的效果。Kukina等（1995）报告，ABA处理损伤了类囊体膜的结构。ABA与细胞的结构具有密切的关系，并且在温度逆境下，会对植物细胞的结构产生不同的影响。外源水杨酸处理保持了细胞膜以及叶绿体、细胞核等细胞器在高温下的稳定性。这是水杨酸提高植物细胞结构稳定性的首次报告（张俊环，2005；刘悦萍，2003）。

植物比较解剖学领域的论文近些年来不断增加，但是其数量与比较胚胎学、孢粉学和细胞学的论文相比较少。这种情况与我国丰富的种质资源相比，很不相称，属于亟待开展研究的领域。而大多数发表的论文研究，种类零星分散，所研究的植物比较解剖问题尚不够系统深入。因此，缺乏围绕某些重要问题和某些重要植物类群的系统研究成果，难以形成中国植物比较解剖学的特色和学派（胡正海，2003）。刘德兵等（2003）指出，在根、叶、花粉、果实等方面有不少超微结构观察结果的报道，但缺乏对某个树种的系统研究。许多树种如：杏、山楂、樱桃、板栗、核桃等未见研究报道，有些树种报道很少，对花芽、叶芽、茎尖等及其发育过程中超微结构变化尚未见报道。

枣树有其独特的生物学特性,自然坐果率一般仅占花蕾数的1%～2%,故枣树花期喷施植物生长调节剂是提高坐果率的一项重要措施。目前我国红枣生产区应用最广泛的植物生长调节剂是赤霉素,该类物质在较低浓度下能对枣树细嫩茎叶细胞的伸长生长具有诱导能力,可以促进枣花粉发芽,但易引发树体生长失衡,结果枝加速生长,营养生长和生殖生长难以平衡,营养竞争激烈,落花落果现象严重,一方面花期使用赤霉素后,形成的无籽幼果,一旦树体激素水平降低、则不能继续发育而脱落;另一方面树体本身坐果太多,超过了它的负载能力也会引起幼果脱落。同时干旱区受空气湿度影响赤霉素施用效果不稳定,枣农过量、多次施用造成生殖生长对养分的需求急剧上升,树体无法满足养分需求导致果柄拉长,幼果生长缓慢甚至停长,颜色由青变黄,历时10 d左右大量脱落。另外,枣农在经济利益驱动下,盲目追求产量,大量、多次的使用赤霉素造成果实病害加重,品质下降明显,生产成本增加,尤其在骏枣生产管理上最为严重。

由于赤霉素(GA₃)可以促进植物种子发芽和茎叶生长、诱导花芽形成并促进单性结实和坐果。多年来,本地种植过程中有喷施生长调节剂赤霉素的习惯。但单纯地为了提高坐果率喷施大量的赤霉素后,出现红枣果柄细长、枣吊空长、果实过早脱落、易产生裂果和黑头病、容易产生"皮皮枣"等现象,最终影响红枣品质和产业的健康发展。到目前为止,对被视为红枣上良好坐果药的赤霉素的副作用及与它生长调节剂组合处理来改善红枣细胞发育和果实品质方面的研究仍鲜有报道。本研究采取将GA₃、CPPU与ALA三种生长调节剂进行复配,研究其对红枣果实细胞发育及品质的影响,探索通过生长调节剂调节来改良红枣品质的良好措施,为新疆红枣产业的优质、高效生产提供技术依据。

(一)不同生长调节剂对红枣解剖结构的影响

1.五个发育阶段七个不同处理红枣果皮解剖结构比较

红枣的果皮主要由表皮、靠近表皮的厚角组织和基本组织三部分所构成。表皮由1层细胞所构成,外被较厚的角质层,果皮发育过程中,表皮细胞及角质层的厚度均逐渐增大。厚角组织由1至5层细胞所构成,即为在显微镜下靠近表皮的、被染成红色的结构层次。厚角组织的分布不均匀,不同处理和同一处理不同部位的层次都有一定的变化。在发育早期厚角组织细胞仅具1至2层,发育后期由3至5层细胞所构成。基本组织主要由多层薄壁细胞所构成,位于厚质组织与红枣的果核之间。在发育前两个阶段,薄壁细胞较小，排列紧密；发育后期细胞逐渐增大，且薄壁组织内分化出较大的细胞间隙，发育越晚，细胞间隙越明显。另外，基本组织内还分布少量的维管束，通常果皮中央的维管束较大，两侧的逐渐减小。因石蜡切片级能观察到红枣的一部分，而维管束的分布少，故不能比较7个不同处理维管束的异同（图3-17、图3-18）。

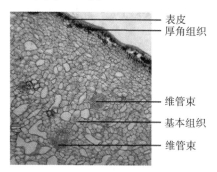

图3-17　红枣果肉结构（10×10倍）

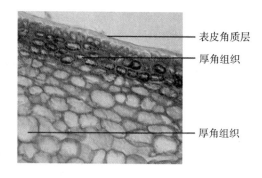

图3-18　红枣果皮结构（10×40倍）

从解剖结构看，在第1阶段（7月6日），T5的细胞间隙最大（40或10倍放大），T4的其次，T6、T1、T3、T2、T7的细胞间隙逐渐减小。特别的是，T7处理的红枣果肉中的分泌腔较大。从果肉细胞的大小看，T1到T7的细胞平均大小分别是33.03 μm、29.92 μm、28.58 μm、30.47 μm、28.78 μm、32.75 μm、25.87 μm。

第2阶段（7月12日）与第1阶段相比，细胞的大小与细胞间隙变化不大。从解剖结构看，T5和T6的细胞间隙都较大（40或10倍放大），T1的其次，T3、T4、T7、T2的细胞间隙逐渐减小。这一阶段，T7处理的红枣果肉中的分泌腔和上一阶段相比没有变化。从果肉细胞的大小看，T1到T7的细胞平均大小分别是31.72 μm、29.54 μm、29.38 μm、30.16 μm、29.87 μm、35.30 μm、26.81 μm。

第3阶段（7月18日）与前两个阶段相比，除T6处理外，这一阶段细胞的大小与细胞间隙变化都较大。从解剖结构看，T1、T5的细胞间隙都特别大（40或10倍放大），T2的其次，T4、T7、T3、T6的细胞间隙逐渐减小。这一阶段，T7处理的细胞间隙明显增大，其果肉中的分泌腔已被吸收。从果肉细胞的大小看，T1到T7的细胞平均大小分别是38.52 μm、38.22 μm、40.74 μm、34.03 μm、38.77 μm、32.48 μm、31.33 μm。

与第3阶段相比，第4阶段（7月24日）细胞间隙的分化趋于成熟。其中，T5 的细胞间隙最大（40 或 10 倍放大），T1、T2、T3、T4、T7、T6 的细胞间隙逐渐减小。从果肉细胞的大小看，T7 的果肉细胞明显比第 3 阶段的大很多，细胞增长了 17.94 μm，T1 和 T6 的细胞增长了 10 μm 左右，而其他几个处理细胞大小变化很小。T1 到 T7 的细胞平均大小分别是 49.02 μm、38.07 μm、38.19 μm、35.42 μm、38.51 μm、42.58 μm、49.27 μm。

第 5 阶段（7 月 30 日），红枣的果肉已经趋于成熟。从解剖结构看，T4、T5、T6、T7 处理果肉中央的间隙都很发达，T3 和 T2 的其次，T1 的最小。从果肉细胞的大小看，T1、T7 处理的果肉细胞明显比第 4 阶段的小一些，而 T3 和 T5 处理的细胞明显长大很多，分别增长了 13.06 μm 和 14.42 μm，T1、T2、T4 和 T6 的细胞大小增长较少。T1 到 T7 的细胞平均大小分别是 43.11 μm、42.23 μm、51.25 μm、43.99 μm、52.93 μm、45.68 μm、44.72 μm。

2. 五个发育阶段七个不同处理红枣果柄解剖结构比较

在红枣发育的过程中，红枣的果柄不像红枣的果实具有明显的变化，其大小、解剖结构均变化很小。红枣果柄的解剖结构包括表皮、皮层和维管柱。其中，表皮由一层细胞所构成，外被较厚的角质层；皮层由厚角组织和薄壁组织所构成；维管柱包括木质部、韧皮部、形成层和髓几个构成成分（图 3-19—图 3-22）。七个不同处理不同发育阶段红枣的果柄的解剖结构中，维管柱均占主要成分，它位于茎的最中央，与皮层间没有明显的界线。由于果柄在枣果发育的过程中变化甚小，不同处理的红枣其解剖结构也无明显的差异。

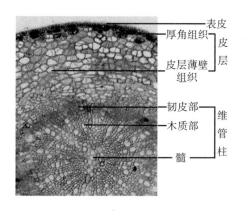

图3-19　果柄各结构（10×40倍）

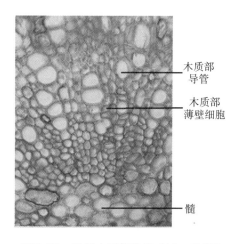

图3-20　果柄木质部结构（10×40倍）

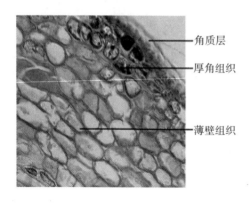

图3-21　果柄表皮及厚角组织（10×40倍）

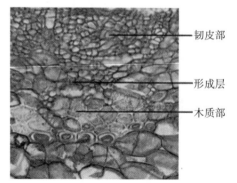

图3-22　果柄韧皮部结构（10×40倍）

（二）不同生长调节剂对红枣果肉中央细胞大小的影响

在第三次测定（7月18日）时，除T6有明显下降外，其他处理均为增长趋势，且T3处理结果最明显，高于其他处理；该阶段正是红枣果实迅速膨大期，由于T6处理的细胞分裂素浓度较高，细胞分裂加速，但水肥营养达不到该浓度下果实的正常生长导致细胞大小明显下降。在最后两个阶段，除T1与T7实现增长后又下降外，其余各处理都出现明显增长趋势，其中T5处理细胞大小结果最明显，达到52.93，比对照增长了18.35%。从整体来看，第二次喷施后15 d开始，各个处理下的红枣果肉细胞均明显增大，都高于对照，结果表明，5-ALA和CPPU配合对红枣果肉细胞增大作用比GA$_3$效果明显，10 mg/L的CPPU和低浓度的5-ALA就可以得到非常好的效果。从7月12日到7月24日这段时间是枣果迅速膨大的时期，在没有GA$_3$和CPPU的作用时，高浓度的5-ALA就能显著促进红枣果肉中央细胞的发育，详见表3-2。

从解剖结构看，在不同生长调节剂组合处理下，细胞间隙、分泌腔和细胞大小都会与CK（20 mg/L GA$_3$）有显著差异。在喷施调节剂后，T5（5 mg/L 5-ALA+2 mg/L Na$_2$SO$_4$+10 mg/L GA$_3$+5 mg/L CPPU）处理的细胞间隙总体上最大，随着时间的推移，CK的果皮细胞间隙进一步增大，而T1（20 mg/L 5-ALA+2 mg/L Na$_2$SO$_4$）的则逐渐减小。对果肉中的分泌腔而言，单独喷施高浓度的赤霉素时是最高的，尤其是喷施后的18 d内，随着细胞的发育，分泌腔会逐渐被吸收，而其他处理的分泌腔变化则没有如此明显。七个不同处理不同发育阶段红枣的果柄的解剖结构中，维管柱均占主要成分，它位于茎的最中央，与皮层间没有明显的界线。喷施生长调节剂后，各个处理下的红枣果肉细胞均会随时间推移而明显增大，且都高于对照，5-ALA和CPPU配合对红枣果肉细胞增大作用比GA$_3$效果明显，10 mg/L的CPPU和低浓度的5-ALA就可以得到非常好的效果。枣果迅速膨大时期，在没有GA₃和CPPU的作用时，高浓度的5-ALA处理（T1）就能显著促进红枣果肉中央细胞的发育。在其他6个处理下，枣果果肉糖酸比均比对照要高，其中T1处理效果最显著，糖酸比较CK提高了19.36%。T2（5 mg/L 5-ALA+2 mg/L Na₂SO₄+5 mg/L GA₃）、T5和T1处理下，果肉VC含量分别较对照提高了42.36%、28.82%和12.93%。通过分析发现，T5处理能有效提高骏枣果肉中全氮、全磷的含量，提高其营养价值。

表3-2　各处理喷施后不同阶段果实中央细胞大小的差异性

日期	处理	均值	α=0.05	α=0.01
7月6日	T1	33.03	a	A
	T6	32.75	a	AB
	T4	30.46	ab	AB
	T2	30.03	ab	ABC
	T5	28.78	bc	BC
	T3	28.57	bc	BC
	CK	25.87	c	C
7月12日	T6	35.30	a	A
	T1	31.71	b	AB
	T4	30.16	b	BC
	T5	29.87	bc	BC
	T2	29.53	bc	BC
	T3	29.38	bc	BC
	CK	26.80	c	C
7月18日	T3	40.74	a	A
	T5	38.77	a	A
	T1	38.51	a	A
	T2	38.22	a	A
	T4	34.02	b	B
	T6	32.47	b	B
	CK	31.33	b	B
7月24日	CK	49.26	a	A
	T1	49.01	a	A
	T6	42.58	b	B
	T5	38.50	c	BC
	T3	38.19	c	C
	T2	38.07	c	C
	T4	35.42	c	C

续表

日期	处理	均值	$\alpha=0.05$	$\alpha=0.01$
7月30日	T5	52.93	a	A
	T3	51.25	a	A
	T6	45.68	b	B
	CK	44.72	bc	B
	T4	43.98	bc	B
	T1	43.11	bc	B
	T2	42.22	c	B

当细胞间隙和果肉分泌腔增大过快而中央细胞大小增减较慢时，枣果品质就会变差，同时会衍生出很多病害。在生产中，可以用5-ALA和CPPU的作用，采用5 mg/L 5-ALA+（5～10）mg/L的CPPU与5～10 mg/L GA$_3$配合或单施20 mg/L 5-ALA来代替高浓度的GA$_3$，以提高骏枣果实品质、提高其抗逆性。

五、复合型植物生长调节剂对果实生长发育的影响

果实生长是果实细胞分裂、增大和同化产物积累转化的过程（王春飞，2007）。果实的大小主要取决于果实的细胞数量和细胞体积。增大果实细胞的分裂能力和提高果实细胞体积膨大度，二者综合使果实的大小增加（Takeo，2005）。果实最终的大小取决于花前因素和果实的早期生长（Castilloa，2002）。果实细胞的活跃分裂通常都在花后数周之内。杏的旺盛分裂期在盛花前期（王荣花，2000），苹果、桃、杏细胞分裂期持续3～4周。在果实细胞的活跃分裂期间，细胞数量增加基本达到稳定程度，进入幼果发育期后，细胞的分裂即由盛转衰直到分裂停止。大果的细胞数量一般比小果多，其原因与"库"的大小、活性有关，在较低的吸收供应条件下，细胞分裂是限制果实生长的一个主要因素（Nadia Bertin，2001）。果树砧木通过影响激素物质含量来影响果实大小和果实细胞数目，但不影响果实细胞分裂的次数（闫树堂，2005）。果实果肉细胞的数量还取决于"源"和"库"的比率。果实细胞在花后旺盛分裂时开始增大，细胞停止分裂后继续增大到峰值。果实细胞体积的增大基本呈"快-慢-快"的单"S"型趋势（李建国，2003）。

在果实生长中，植物激素都在参与细胞分裂的调控过程。果树的花粉存在生长素，它随花粉管的伸长和受精作用的完成而活化，刺激子房的生长，内源激素IAA可以诱导单性结实（Jocelyn，2003）。在细胞水平上，生长素可以影响细胞的伸长、分裂和分化。脱落酸（ABA）对果实的生长也起到一种"制动"平衡调节作用，与GA，IAA、CTK等促进细胞分裂和生长的激素有

拮抗作用。多胺是一类具有高活性的内源调节物质，能够积极参与果实细胞分裂与伸长。果实迅速生长时，果实内源多胺的合成速度增高，相应果实的细胞分裂速度也在加快，当果实膨大生长和达到最大重量和体积时，果实中含有大量的多胺物质（Shiozaki，2000）。果实内源茉莉酸（JA）和茉莉酸甲酯（MeJA）与ABA有相似的生理作用，Satoru（2001）研究认为，在果实开始生长阶段，葡萄浆果果皮中内源JA和MeJA的含量较高，低浓度JA（0.45 μmol）可以刺激浆果的细胞分裂，促进细胞的形成，而4.5 μmol的JA则起抑制作用。果实生长是内源激素相互作用的效果，在不同生长期由不同的内源激素起主导作用，一种激素可以参与多种调控。外源植物生长调节剂会影响内源激素的水平。本研究就骏枣花期通过外源植物生长调节剂的喷施，影响骏枣果实生长发育进程进行了试验。

（一）不同植物生长调节剂对果实纵横径变化的影响

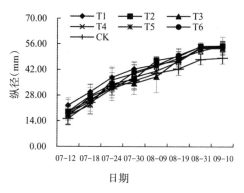

图3-23　果实纵径随时间变化

不同类型植物生长调节剂处理下，骏枣果实在生长发育进程中纵径均发生了不同程度的变化（图3-23）。T1、T6、CK呈现"快-慢-快-慢"的变化趋势，T1和CK在7月12日至7月24日为快速生长期，7月24日至8月19日生长速度缓慢，其后的12 d为第二次快速生长，在8月31日以后生长减缓。T6的第一个快速生长期持续了18 d，第二个快速生长期同样较T1和CK持续的时间长，但最后缓慢生长期一致，均在8月31日以后。另外，果实整个生育期内，T1、T6处理的果实纵径均高于CK，达到极显著差异水平，分别较对照提高了12.02%和13.38%。T2、T3、T4、T5处理的果实纵径的变化趋势相对复杂，没有固定的变化规律。

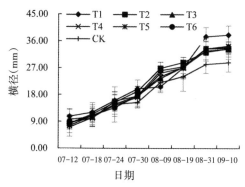

图3-24　果实横径随时间变化

各处理果实横径的变化如图3-24所示，除T1外，其他各个处理的果实横径变化趋势相似，均呈现"慢-快-慢-快-慢-快-慢"的规律。T1处理在7月24日至8月19日期间的生长速度与其他各处理正好相反，8月19日之后的生长变化趋势又相同。在果实停止生长后，果实横径的大小依次是T1>T5>T6>T4>T2>T3>CK。

（二）不同植物生长调节剂对果实单果重变化的影响

不同处理条件下单果重动态变化表明（图3-25），骏枣生长发育过程中果实重量的快速增长期相似，7月18日至7月24日为第一次高峰期，第二次高峰期在7月30日至8月9日，第三次在8月19日至8月31日。在第一次重量增长期，T3、T4的增长速率较快，第二次为T2和T6，第三次为T1和T5。在7月31日之前，T1处理的果实重量显著高于其余各处理，在8月19日之前，T1处理处于缓慢生长阶段，T2和T6处理的果实重量相对较高。8月19日之后，T1处理的果实重量开始急剧增长，自8月31日果实体积不再变化时，不同处理条件下果实重量由高到低依次为T1>T6>T4>T5>T2>T3>CK。

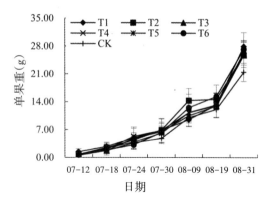

图3-25 单果重变化趋势图

果树生长、发育和繁殖的各个时期均受到植物激素的控制。植物生长调节剂对植株生长发育的调控，是通过外源供给来影响植物内源激素系统，以便控制植株生理生化、器官形成的过程，塑造理想的个体造型和合理的群体结构，以达到生产预期目标。本研究结果表明，骏枣盛花初期喷施不同类型的植物生长调剂对果实生长发育均有不同程度的影响，含有5-ALA各处理的果实生长能力显著高于单有 GA_3 的对照。当5-ALA与 GA_3 混合使用时，GA_3 浓度越高，果实发育后期纵径生长速度越稳定。相同浓度的5-ALA、GA_3 与不同浓度的CPPU组合使用时，CPPU浓度越高，果实前期横径生长速度相对缓慢，但后期生长能力很强。通过果实果形指数的综合判断表明，单用5-ALA处理效果最好。本研究结果还表明，不同类型的调节剂组合处理对果实单果重均有显著影响，以单用20×10^{-6} 5-ALA处理效果最好，其次为5×10^{-6} 5-ALA、5×10^{-6} GA$_3$与15×10^{-6} CPPU的混合处理效果较好，分别较对照提高了30.24%和20.89%。

六、复合型植物生长调节剂对骏枣光合特性的影响

农作物的物质积累量取决于叶面积和叶片的净光合速率，两者主要通过叶面积指数和叶绿素含量来决定（杨峰，2010）。叶片是果树进行光合作用的主要器官，是产量形成的基础，叶片形成的早晚，叶面积的大小是反映果树生长状况的指标之一。因此，叶面积的测量，在研究果树的生长发育，产量形成和光能利用方面具有重要意义（曲柏宏，1990）。叶绿素是植物进行光合作用的基础，在一定的范围内叶片的叶绿素含量与光合速率成正相关，其含量的多少直接影响植物光合作用的强弱（吕天星，2013）。同时叶面积指数也是作物群体结构的重要量化指标，是群体的属性之一，常被用来作为植被状况的指示器（Darishzadeh，2008）。植物体叶绿素的变化与其光合能力、生长发育以及氮素状况有较好的相关性，通常被称为监测植物生长发育和营养状况的指示器（童庆禧，2006；方慧，2007）。近几年，利用生物化学调控技术来提高作物产量及改善作物品质的应用越来越广。化学调控技术是通过施用外源生长物质，来影响植物内源激素，实现调节作物的生长过程。大多数科学家认为，未来生物化学调控将对作物生产起到决定性作用（陆少峰，2015）。本文采取将赤霉素（GA$_3$）和细胞分裂素（CPPU）与5-氨基乙酰丙酸（ALA）三种激素进行复配，研究其对骏枣果实发育过程中光合特性及果实品质的影响，以期筛选出既能增产又能改善果实品质的复合型植物生长调节剂，为新疆红枣产业的可持续发展提供技术依据。

（一）不同植物生长调节剂对叶绿素含量的影响

不同时期各处理叶绿素含量变化如图3-26所示。枣树坐果初期，各处理叶绿素含量处于同一水平，变化不显著。自坐果完成后，不同处理的叶绿素含量随时间变化均呈上升趋势，T2、T3、T4和T6处理变化最为显著，T1、T5和CK处理叶绿素含量变化较小。坐果率低的T3处理，叶绿素含量高，由于枣树光合作用产生的有机营养物质大部分被叶片吸收，叶绿素含量增加显

著。坐果量相对稳定的T2、T5和CK处理，枣果与叶片的营养分配相对平衡，叶绿素含量增加显著。枣果坐果量相对较大的T1和T6处理，枣果与叶片对有机营养物质的竞争相对较强，叶绿素含量上升较慢。同样果实开始增长生长时，坐果率高的处理，叶绿素含量变化幅度较小。

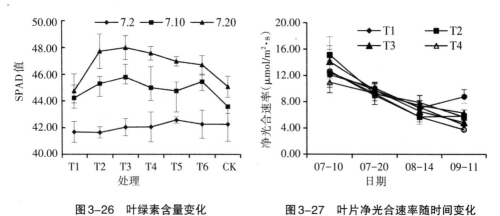

图3-26　叶绿素含量变化　　　　图3-27　叶片净光合速率随时间变化

（二）不同生长调节剂对骏枣叶片净光合速率的影响

骏枣生长发育过程中净光合速率从坐果期到果实成熟期均呈下降趋势（图3-27）。坐果期不同生长调节剂处理对叶片的净光合速率产生显著影响，净光合速率最大的为T2和T3处理，分别较对照提高了19.71%和11.57%。果实膨大期各处理的净光合速率最大的T6处理较最小的CK提高了12.65%。果实白熟期T5处理和T4处理净光合速率较大。从成熟期开始，T6处理的净光合速率开始上升，其余各处理仍在持续降低。

通过SPSS9.5进行方差分析和Duncan多重比较发现（表3-3），枣树叶片在四个生育时期均表现出了对不同生长调节剂处理的显著差异性反应。在坐果期，T2和T3表现出极大的优势，两者之间差异不显著，但他们与其他处理差异显著，T5、T1、T6和对照间差异均不显著，而T4则比对照降低的较为显著。在膨大期，T5和T4表现出了优势，它们与其他处理差异均显著，T3、T6、T1间差异不显著，这个时期只有T2的净光合速率和对照相当，其他处理都显著高于对照。转色期，T6和T1表现出极大优势，均与其他处理差异显著，且比对照高出较多。成熟期则是T6表现出极大优势，而对照处理则表现出显著的劣势，此时叶片的净光合速率只有T6的44.6%。

表3-3　不同生长调节剂处理下红枣叶片净光合速率的差异性

坐果期			膨大期			转色期			成熟期		
处理	均值	α=0.05	处理	均值	α=0.05	处理	均值	α=0.05	处理	均值	α=0.05
T2	16.53	a	T5	8.48	a	T6	10.98	a	T6	9.20	a
T3	15.62	a	T4	8.11	a	T1	9.83	a	T4	6.73	b
T7	13.69	b	T1	7.52	bc	T3	10.07	b	T2	6.28	bc
T5	13.63	b	T6	7.18	bc	T4	9.98	bc	T5	6.25	c
T1	12.68	b	T3	7.11	c	T5	10.07	bc	T3	4.94	d
T6	12.79	bc	T7	6.15	d	T2	10.10	bc	T1	4.77	e
T4	11.52	c	T2	5.95	d	T7	9.59	c	T7	4.11	f

注：表中α=0.05显著水平下，字母相同时表示差异不显著，字母不同时表示差异显著。

（三）不同生长调节剂对骏枣叶片蒸腾速率和水分利用率的影响

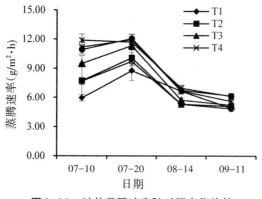

图3-28　叶片蒸腾速率随时间变化趋势

不同生长调节剂对叶片蒸腾速率的影响如图3-28所示。在果实膨大期之前叶片的蒸腾速率除T5处理外，均呈上升趋势，然后开始急剧下降。在果实白熟到果实逐渐成熟阶段，叶片蒸腾速率呈缓慢下降趋势。坐果期叶片蒸腾速率最大的T5处理较最小的T1提高了99.33%。膨大期叶片蒸腾速率最高的为T6处理，同样T1处理最小。从膨大期到果实白熟期，T1处理的叶片蒸腾速率较其他处理缓慢，但在果实成熟过程中，T1处理叶片蒸腾速率较其他处理变化剧烈。

方差分析和多重比较结果表明（表3-4），在坐果期，T5的蒸腾速率最大，在膨大期，T6的蒸腾速率最大，均与其他处理间差异显著。坐果期和膨大期，T1和T2的蒸腾速率均最小，它们与其他处理间差异显著。在转色期和成熟期，均是T5的蒸腾速率最大，显示出了CPPU的优势，T2和T3均比对照低。说明仅用过量的赤霉素会增加枣树的蒸腾作用，促使枣树体内水分过量散失（对照处理）。而5-ALA和Na_2SO_4配合喷施能缓冲赤霉素的这种不利作用，尤其是在枣树前期（坐果期、果实膨大期），用5-ALA和Na_2SO_4配合来替代高浓度的赤霉素，可以有效减少枣树蒸腾，利于其自身经济用水。

表3-4 不同生长调节剂处理下红枣叶片蒸腾速率的差异性

坐果期			膨大期			转色期			成熟期		
处理	均值	$\alpha=0.05$	处理	均值	$\alpha=0.05$	处理	均值	$\alpha=0.05$	处理	均值	$\alpha=0.05$
T5	0.37	a	T6	0.41	a	T5	0.13	a	T5	0.134	a
T4	0.34	b	T4	0.41	ab	T6	0.12	ab	T6	0.131	ab
T6	0.32	b	T5	0.39	bc	T4	0.11	bc	T4	0.131	b
T7	0.30	c	T3	0.38	bc	T1	0.11	c	T7	0.121	c
T3	0.27	c	T7	0.37	cd	T7	0.12	c	T1	0.125	cd
T2	0.22	d	T1	0.35	de	T2	0.10	d	T2	0.115	cd
T1	0.21	d	T2	0.34	e	T3	0.10	d	T3	0.113	d

在果实发育过程中叶片水分利用率与蒸腾速率的变化相反（图3-29），坐果期，T1处理叶片的水分利用率最高，其次为T2处理，分别较CK处理提高了26.06%和18.79%，其余各处理均低于CK处理。在果实膨大期，T1处理叶片的水分利用率同样最高，此后逐渐减缓，而其他处理呈上升趋势。果实白熟期的水分利用率均无显著差异，在果实成熟阶段水分利用率由高到低的依次为T6>T2>T4>T3>T1>CK。

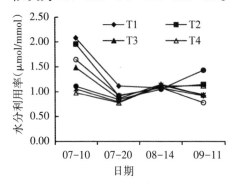

图3-29 叶片水分利用率随时间变化   图3-30 叶片气孔导度随时间变化

（三）不同生长调节剂对骏枣叶片气孔导度和气孔限制值的影响

叶片气孔导度在果实发育过程中呈先上升后下降再平稳的趋势，如图3-30所示。不同植物生长调节剂处理对叶片气孔导度影响最大的时期为坐果期和果实膨大期，坐果期气孔导度最大的T5处理较最小的T1处理提高了67.16%，较对照提高了24%。果实膨大期最大的T6处理较最小的T2和T1处理分别提高了19.27%和17.82%，这与叶片蒸腾速率的变化相似。

方差分析和多重比较结果表明（表3-5），在坐果期，T5的气孔导度最大，与其他处理间差异显著，T3、T4、T6均显著高于对照处理，而T1则显著低于对照处理。在果实膨大期，除T2与对照间差异不显著外，其他所有处理的气孔导度均显著高于对照。在转色期和成熟期，T6的气孔导度最高，均显著高于对照，而转色期只有T1的结果显著低于对照、成熟期只有T1的结果与对照差异不显著，其他各处理均要显著高于对照。这说明了在枣树生长旺盛而气温较高的几个时期，5-ALA和Na₂SO₄配合来替代高浓度的赤霉素（T1）可以有效降低气孔开启，防止过量蒸腾，而在生长后期（转色期和成熟期），枣树已显衰老、代谢速度减慢，用T6（5 mg/L 5-ALA+2 mg/L Na₂SO₄+10 mg/L GA₃+15 mg/L CPPU）则可以改善枣树的蒸腾和通气条件，利于二氧化碳的吸收和同化，并在枣树水分亏缺时改善其光合作用。

表3-5　不同生长调节剂处理下红枣叶片气孔导度的差异性

坐果期			膨大期			转色期			成熟期		
处理	均值	$\alpha=0.05$	处理	均值	$\alpha=0.05$	处理	均值	$\alpha=0.05$	处理	均值	$\alpha=0.05$
T5	12.00	a	T5	7.06	a	T6	13.13	a	T6	6.43	a
T4	12.29	b	T4	7.27	ab	T4	11.98	ab	T5	6.76	a
T6	11.99	b	T6	7.28	ab	T5	12.67	bc	T4	6.18	b
T3	9.71	c	T1	7.25	b	T3	12.26	c	T3	5.21	c
T2	7.93	d	T3	6.18	c	T2	10.29	d	T2	5.09	c
T7	7.78	d	T7	5.75	d	T7	10.10	d	T1	4.91	d
T1	6.23	e	T2	5.73	d	T1	9.63	e	T7	5.13	d

　　叶片气孔限制值在果实发育过程中呈先降低再升高再下降的趋势，如图3-31所示。在坐果期和果实成熟过程中，不同处理的气孔限制值变化显著，

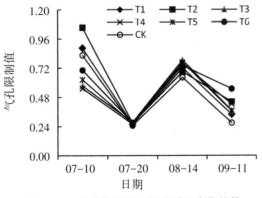

图3-31　叶片气孔限制值随时间变化趋势

坐果期气孔限制值最高的为T2，其次为T1和CK，而果实成熟期气孔限制值由高到低依次为T6>T2>T4>T3>T5>T1>CK。

通过方差分析和多重比较发现（表3-6），坐果期各处理的气孔限制值差异显著，其中T2比对照高，其他处理均低于对照。果实膨大期各处理间差异不显著。转色期各处理间差异显著，各处理下的气孔限制值均显著高于对照。在成熟期，各处理下的气孔限制值均显著低于对照，尤其以T1（20 mg/L 5-ALA+2 mg/L Na$_2$SO$_4$）和T6（5 mg/L 5-ALA+2 mg/L Na$_2$SO$_4$+10 mg/L GA$_3$+15 mg/L CPPU）最为突出。这也说明在枣树生长后期光合作用减弱时，T1和T6以5-ALA、Na$_2$SO$_4$及CPPU配合可弥补高浓度赤霉素后期抑制植株光合的不足，能减小气孔限制值、增加叶片气孔CO$_2$的进量，从而促进枣树光合作用，提高植株代谢能力。

表3-6　不同生长调节剂处理下红枣叶片气孔限制值的差异性

坐果期			膨大期			转色期			成熟期		
处理	均值	α=0.05	处理	均值	α=0.05	处理	均值	α=0.05	处理	均值	α=0.05
T2	1.05	a	T3	0.27	a	T3	0.79	a	T7	0.45	a
T1	0.89	b	T6	0.27	a	T5	0.77	ab	T2	0.44	a
T7	0.83	b	T2	0.27	a	T4	0.75	b	T4	0.42	ab
T6	0.70	c	T5	0.26	a	T6	0.74	b	T3	0.37	c
T5	0.62	d	T4	0.26	a	T1	0.72	bc	T5	0.36	c
T3	0.57	de	T7	0.26	a	T2	0.69	c	T6	0.35	c
T4	0.55	e	T1	0.25	a	T7	0.64	d	T1	0.30	d

在红枣盛花期喷施以GA$_3$、5-ALA和CPPU三种植物生长调节剂复配组合，与生产中的单施高浓度GA$_3$处理对比分析，结果表明，复合性植物生长调节剂对骏枣果实发育过程中光合特性影响最为显著的主要在坐果期，较单一的调节剂明显提高了叶片净光合速率，加快了改变"源""库"之间物质分配的速率，达到了提高坐果率和增加产量的目的。同一浓度5-ALA条件下，GA$_3$浓度越低，坐果期叶片的净光合速率、水分利用率以及气孔限制值越高，叶片蒸腾速率和气孔导度越小。5-ALA和GA$_3$相同浓度条件下，CPPU浓度越低，坐果期叶片净光合速率、气孔导度和蒸腾速率越高，水分利用率和气孔限制值越小。

从红枣坐果期开始，随着生育期的推进，叶片的净光合速率随之下降。

不论是那个生长调节剂组合处理，红枣叶片的蒸腾速率总是在果实膨大期最高，而在成熟期最低。气孔导度则是先升高后降低，在果实膨大期达到最大、在转色期最低。气孔限制值最大的时期是坐果期，之后是转色期，最小的是果实膨大期。赤霉素在提高坐果率的同时，会抑制红枣叶片的光合作用，随着生育期时间的推移，抑制作用越强烈。而解决方法则可通过添加5-ALA、CPPU和Na_2SO_4或用较高浓度的5-ALA配一定量的Na_2SO_4代替GA_3来实现。在塔里木盆地极度干旱缺水的条件下，随红枣果实发育过程的推进，气温逐渐升高，导致其蒸腾速率加快，过量蒸腾会导致红枣早衰和果实脱落，喷施单一赤霉素会促使枣树叶片蒸腾作用增强并加速干旱条件下植株失水。

七、植物生长调节剂对产量及果实品质影响的评价

植物生长调节剂是有机合成、微量分析、植物生理和生物化学以及现代农林园艺栽培等多种科学技术综合发展的产物（李韬，2013），具有与内源生长素和激素同样的生理功能，对调节果树的生长发育，如营养生长（陈永华，2006）、花芽分化（冯志勇，2006）、授粉受精（易图永，2005）以及果实发育（Qin，2003）等有重要作用。不少研究表明，在花前或花期施用生长调节剂可显著提高果树的结实率（周宇，2006；常有宏，1998）。赤霉素（GA_3）可诱导单性结实，促进细胞分裂与组织分化。脲型细胞分裂素（CPPU）在诱导细胞分裂和促进器官发生方面的活性远远高于一般嘌呤类细胞分裂素。5-氨基乙酰丙酸（ALA）是所有生物体内卟啉化合物生物合成的第一个关键性前体，也是植物生命活动必需的和代谢活跃的生理活性物质，可促进植物生长，提高产量，改善品质（方学智，2006；汪良驹，2004）。

枣属于多花树种，花的分化量很大，但受树体和环境条件的影响，落花落果现象十分严重，采收果率一般仅占花蕾数的1%~2%。如山东、河北两省的金丝小枣区，自然坐果率仅为开花数的0.42%～1.60%，落花率达到80%～90%，骏枣自然坐果率仅为0.63%（郭裕新，2010）。枣花小多蜜，是一种蜜源植物，单花盛开时蜜汁丰富，易受风沙或浮尘的危害，致使蜜盘因沾满沙子或失水而干枯，形成"焦花"现象，对枣树坐果极为不利，导致产量过低，制约了枣产业的健康发展。

枣树自然坐果率低除了授粉、栽培管理及环境因子影响外，最主要的是枣树的内源激素不足，使其生殖器官形成离层所造成（朱锐，2010）。已有研究表明（阿布都卡迪尔·艾海提，2008；孙宁川，2010），通过外源植物生

调节剂供给来影响枣树内源激素系统，刺激花粉萌发，促使花粉管伸长，并能刺激单性结实，促进幼果发育，避免空气干燥及低温等不良因子的影响，提高坐果率。目前，枣生产区应用最广泛的是花期喷施赤霉素，该类物质在较低浓度下，对枣树细嫩茎叶细胞的伸长生长具有诱导能力或抑制能力，可以促进枣花粉发芽，还能刺激未授粉枣树结实。但易引发枣吊加速生长，营养生长和生殖生长难以平衡，营养竞争激烈，落花落果现象严重，尤其是干旱区受空气湿度影响施用效果不稳定。在新疆骏枣主产区，花期均在5月下旬至6月上旬，此时多干旱，空气湿度低，降低了枣花花粉的发芽率，造成受精不良，坐果率低。同时盲目追求产量，过量多次施用造成枣果病害加重，品质下降，价格下滑，市场风险加剧，对红枣产业可持续发展埋下隐患。

本研究应用模糊隶属函数法综合评价外源植物生长调节剂对骏枣生长发育过程中生物学特性、果实单果质量、果形指数、产量及品质影响，筛选既能增产又能改善果实品质的复合型植物生长调节剂。模糊隶属函数值法是根据模糊数学的原理，利用隶属函数进行综合评价的方法。隶属函数在模糊控制系统中所起的作用是将普通的清晰量转化为模糊量，以便进行模糊逻辑运算和推理。实际上，隶属函数分析提供了一条在多指标测定基础上，对各植物特性进行综合评价的途径。

试验数据采用Excel 2010进行数据统计分析、制图，用DPS9.5软件中的LSD、Duncan检验对差异显著指标进行方差分析比较。同时将整理后的数据，用模糊数学隶属公式（高建社，2005）进行定量转换，再将各指标隶属函数值取平均值进行相互比较。隶属函数公式为：

$$U(X_i)=\frac{X_i-X_{\min}}{X_{\max}-X_{\min}}$$

如果某一指标与评判结果为负相关，则用反隶属函数进行定量转换。计算公式为：

$$U(X_i)=1-\frac{X_i-X_{\min}}{X_{\max}-X_{\min}}$$

式中：$U(X_i)$为隶属函数值，X_i为某项指标测定值，$X_{\max}$和$X_{\min}$为所有处理中某一指标的最大值和最小值。

（一）不同植物生长调节剂对骏枣产量的影响

不同处理条件下骏枣果实产量分布如图3-32所示。T1、T4和T6处理的产量较对照分别提高了43.85%，12.43%和38.00%，其中T1处理的产量最高，为

12721.4 kg/hm²，产量较对照低的其他各处理，坐果率较低，并且由于后期营养供应不足产生缩果病，落果现象严重。

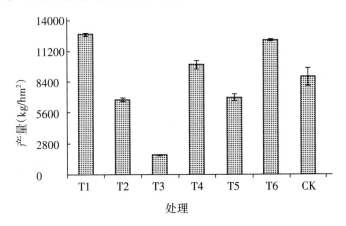

图3-32 不同处理条件下产量分布图

（二）不同植物生长调节剂对骏枣果实品质特征的影响

不同类型植物生长调节剂对骏枣果实营养及形态特征的影响如表3-7所示。对照与其他各处理相比，总糖和总酸含量均最高，总糖含量比最低的T1处理提高了17.12%，总酸含量较最低的T1处理高出44%，糖酸比由高到低的顺序依次为T1＞T6＞T2＞T5＞T4＞T3＞CK，其中T1的糖酸比较CK提高了19.36%。VC含量较高的T2、T5和T1处理分别较CK提高了42.36%、28.82%和12.93%。蛋白质含量较低的T1、T6和T4处理分别较CK降低了9.76%、7.12%和1.85%。

表3-7 不同试验处理对果实品质的影响

	T1	T2	T3	T4	T5	T6	CK
总糖(%)	42.60	47.40	45.70	43.40	50.70	45.90	51.40
总酸(g/kg)	6.50	7.56	7.62	7.71	8.16	7.02	9.36
VC(mg/100 g)	18.34	23.12	15.64	8.74	20.92	11.50	16.24
N(g/100 g)	3.42	4.25	4.48	3.72	4.16	3.52	3.79
P(mg/100 g)	76.00	88.50	90.80	75.00	98.50	86.80	97.00
K(mg/100 g)	531.96	607.88	519.09	527.60	608.84	573.00	638.57
果实纵径(mm)	49.51± 5.21 a	48.73± 5.22ab	44.83± 6.02 b	49.62± 3.36 a	48.44± 6.43 ab	50.90± 3.76 a	46.40± 5.56 ab

续表

	T1	T2	T3	T4	T5	T6	CK
果实横径（mm）	33.47±3.90 ab	36.14±3.19 ab	34.34±3.83 ab	33.71±3.38 ab	34.68±3.34 ab	36.37±2.54 a	33.09±4.23 b
枣核纵径（mm）	32.49±4.17 ab	32.65±2.97 ab	28.88±5.07 cB	30.33±2.50 bc	29.78±5.25 bc	31.36±3.12 abc	34.21±3.02 aA
枣核横径（mm）	7.13±1.39 b	8.41±1.36 a	8.45±1.23 aA	7.01±1.08 bB	7.84±1.28 ab	7.90±1.29 ab	7.04±0.64 b
枣核重(g)	0.68±0.17 ab	0.74±0.19 a	0.71±0.27 a	0.53±0.14 b	0.61±0.19 ab	0.69±0.17 ab	0.60±0.13 ab

果实纵径最小的T3处理分别与T1、T4和T6处理达到显著差异水平，同样果实横径最小的CK与T6处理达到显著差异水平，但果形指数最大的处理分别是T1和T4，最小的分别为T2和T3。果核纵径最小、横径最大的T3处理分别与纵径最大的CK和横径最小的T4处理达到极显著差异水平，果核形态指数最大的处理分别是CK和T1。各处理枣核的单重由高到低依次为T2>T3>T6>T1>T5>CK>T4。

（三）应用隶属函数IFA综合评价不同生长调节剂对骏枣果实品质的影响

红枣果实品质的评价是集成果实外在形态特征和内在营养成分一体的综合性性状分析，单从某一指标评价红枣果实品质，难以客观真实反映其本质属性。不同类型植物生长调节剂对红枣果实品质的诸多指标均有不同程度的影响，如表3-7所示，单从某一指标难以客观筛选出既能增产又能改善果实品质的复合型植物生长调节剂。因此，本研究采用隶属函数值综合评价方法，就该7种不同组合的试验处理对果实形态特征、内在营养成分以及产量等指标进行综合评价（表3-8），即将各指标平均数值换算成隶属函数值，取各指标隶属度的平均值作为不同处理的综合评定标准，评价结果由高到低依次为T2>T6>T1>T5>CK>T4>T3，从评价效果判断T2处理效果最优，但T2处理的产量较低，分别比T6和T1处理减少了44.55%和46.80%。故综合评定效果最佳的处理为T6，其次为T1。

表3-8　不同试验处理对果实品质影响的综合评价

	T1	T2	T3	T4	T5	T6	CK
总糖(%)	42.60	47.40	45.70	43.40	50.70	45.90	51.40
总酸(g/kg)	6.50	7.56	7.62	7.71	8.16	7.02	9.36

续表

	T1	T2	T3	T4	T5	T6	CK
VC(mg/100g)	18.34	23.12	15.64	8.74	20.92	11.50	16.24
果实纵径(mm)	49.51	48.73	44.83	49.62	48.44	50.90	46.40
果实横径(mm)	33.47	36.14	34.34	33.71	34.68	36.37	33.09
枣核纵径(mm)	32.49	32.65	28.88	30.33	29.78	31.36	34.21
枣核横径(mm)	7.13	8.41	8.45	7.01	7.84	7.90	7.04
单果重(g)	27.91	25.75	25.74	25.92	26.38	27.19	21.43
枣核重(g)	0.68	0.74	0.71	0.53	0.61	0.69	0.60
糖酸比	6.55	6.27	6.00	5.63	6.21	6.54	5.49
果型指数	1.48	1.35	1.31	1.47	1.40	1.40	1.40
核型指数	4.56	3.88	3.42	4.33	3.80	3.97	4.86
产量(kg/hm²)	12721.40	6767.81	1733.40	9942.60	6999.46	12204.32	8843.45
综合评价	0.60	0.66	0.35	0.38	0.52	0.64	0.49
位次	3	1	7	6	4	2	5

　　果树生长、发育和繁殖的各个时期均受到植物激素的控制。植物生长调节剂对植株生长发育的调控，是通过外源供给来影响植物内源激素系统，以便控制植株生理生化、器官形成的过程，塑造理想的个体造型和合理的群体结构，以达到生产预期目标（武丽，2005）。枣树喷植物生长调节剂是提高坐果率的有效措施，在冬枣、哈密大枣、朝阳大枣、金丝小枣等应用较多，不仅可以明显提高坐果率，增进果实品质，还能够避免空气干燥及低温等不良因子的影响（武婷，2010；孙宁川，2010）。本研究结果表明，骏枣盛花初期喷施不同类型的植物生长调节剂对果实生长发育均有不同程度的影响，含有 5-ALA 各处理的果实生长能力显著高于单有 GA_3 的对照。当 5-ALA 与 GA_3 混合使用时，GA_3 浓度越高，果实发育后期纵径生长速度越稳定，这与 Lone MI（1987）等在苹果上的研究结果一致。相同浓度的 5-ALA、GA_3 与不同浓度的 CPPU 组合使用时，CPPU 浓度越高，果实前期横径生长速度相对缓慢，但后期生长能力很强，这与张淑英（2004）等在葡萄和红枣上的研究结果类似。通过果实果形指数的综合判断表明单用 5-ALA 处理效果最好，这与郭珍等（2010）在梨枣上的研究结果一致。李怀梅（1992）等实验发现，盛花期喷施 10 mg/L GA_3，朝阳大枣平均鲜果重比对照增加了 18.8%。本研究结果表明，不同类型的调节剂组合处理对果实单果重均有显著影响，以单用 $20×10^{-6}$ 5-ALA 处理效果最好，其次为 $5×10^{-6}$ 5-ALA、$5×10^{-6}$ GA_3 与 $15×10^{-6}$ CPPU 的混合

处理较好，分别较对照提高了30.24%和20.89%。

花期喷施赤霉素、枣丰灵对成熟米枣果实中可溶性糖以及VC含量比对照均有所降低（陶陶，2012）。本研究结果表明，在骏枣盛花初期喷施5-ALA以及5-ALA与GA_3和CPPU等复合处理，较单用GA_3对照有降低总糖和总酸含量的趋势，但糖酸比相比对照均有显著提高，单用$20×10^{-6}$ 5-ALA处理显著提高了骏枣的果形指数。果核的形态特征分析表明，单用$20×10^{-6}$ GA_3显著增加了果核纵径，降低了果核横径。另外不同处理条件下骏枣果实产量结果表明，单用$20×10^{-6}$ 5-ALA处理和$5×10^{-6}$ 5-ALA、$5×10^{-6}$ GA_3与$15×10^{-6}$ CPPU的混合处理的产量较对照分别提高了43.85%和38.00%，这与郭珍（2010）、汪良驹（2004）等的研究结果一致。产量较低的处理主要是调节剂类型不同、浓度不同造成树体营养生长和生殖生长不平衡，前期的落果现象严重。

枣树花期喷施植物生长调节剂是提高坐果率的一项重要措施，但在生产上由于枣农缺少对生长调节剂作用机理的了解，以及市场上产品类型复杂混乱，每年在枣树花期都有因调节剂使用不当而造成产量质量损失的现象。大量研究表明，5-氨基乙酰丙酸（5-ALA）作为一种新型植物生长调节物质（Akram，2013），其最显著的生理功能是提高逆境条件下植物叶片净光合速率（Ali，2013），因而在提高逆境下作物产量与改善产品品质方面有着广阔的应用前景。本研究以5-氨基乙酰丙酸为主复配6个处理与GA_3对比，在骏枣盛花初期进行叶面喷施。通过对果实发育过程中枣果纵横径、单果重、叶绿素含量、产量和品质各项指标的测试结果表明，复配6个处理均显著增加了果实的生长能力，其中表现最为显著的为$20×10^{-6}$的5-ALA处理，其次是$5×10^{-6}$ 5-ALA、$5×10^{-6}$ GA_3与$15×10^{-6}$ CPPU的混合处理，与GA_3对照相比显著提高果实的糖酸比，增强了果实口感，同时提升果形指数，增加了果实单果重，产量分别提高了43.85%和38.00%。

第二节　水肥营养元素调控

国内外有些学者对果实品质划分的很细致，分为市场价值、感官品质、营养保健品质和贮藏品质等（Giusti，1986）。一般来讲，我国将其划分为内在品质和外在品质。内在品质包括可溶性固形物、可溶性糖、有机酸、淀粉等，外在品质则包括果形指数、果实颜色、硬度、单果重等。果园生产中各项管理及农事活动都会影响到梨的果实品质（程福厚，2012），施肥则是这许多技术措施中尤为重要的一个。宋晓晖（2012）等通过施用有机肥对梨的研究，发现果实的淀粉含量会随着果实的生长逐渐下降，总糖含量会逐渐上升。施肥是改良梨园土壤状况，补充树体营养，优化果实品质的重要手段。张媛（2012）等研究表明，施用不同比例的硼肥、钾肥时均会提高梨果实品质，其中糖酸含量均有提升，除此之外，施用硼钾混合肥之后，促进了梨果中 VC 的积累。梨树叶片内的矿质元素含量也有增加，增强了果树的抗逆性。郭蕾萍（2014）在葡萄上也有类似研究，一定比例的有机肥有效提高了葡萄的果实含糖量，增强了果实风味，提高了果实品质。这些肥料都能在一定程度上对不同种类的果树起到提高树体营养水平和果实品质的作用，促进树体对矿质元素的吸收和利用，并且可以促进花芽的分化，提高坐果率，提高果实风味。更重要的是，平衡施肥对果树的果实品质及树体营养水平起到促进作用（张启航，2018）。

果树生长分营养生长和生殖生长两个阶段，二者之间相互依赖又相互制约，只有满足树体的营养生长才会有良好的生殖生长。表现树体营养生长的指标有很多，如叶片、枝条的生长，干径的增粗等。营养水平的提高与肥料的施用密切相关，近年来，人们多采用叶片来分析矿质元素含量，找到果树营养代谢过程中出现问题的症结所在，让问题具体化、精准化、量化，达到平衡施肥的要求。前人对果树的树体营养水平做了很多的研究，这些研究主要集中在苹果（谢世恭，2005）、梨等果树上。贾兵（2011）研究表明，砀山酥梨叶片中的氮、磷、钾、铜元素的含量在整个生育期内呈下降的趋势，而钙和锰元素则表现出上升的变化，叶片中硼和镁两种元素的年变化不大，锌和硫两种元素在年变化中主要呈现出先下降后上升的趋势，铁和钼两种元素的变化不稳定，呈现一定的波动性。工广勇（2012）研究认为，施用专用复合肥后，河套地区的苹果、梨树体营养得到提高，尤其是改善了河套地区土壤缺 K 的状况，并且研究发现，随着 N、P 含量的增加，促进了植物对 K 的吸收利用。闫敏（2011）通过对酥梨叶片元素含量测定得出，随时间的增长，锰、镁、钙含量与叶片生长时间呈正相关，即生长时间越长含量增加，而氮、磷、钾、铜与叶片生长时间呈负相关，即随着叶片生长时间的增加而下降。

营养是果树生长发育、产量形成和品质提高的基础，果树营养一直是国内外研究的热点领域。目前果树上常用的诊断方法有：土壤化学分析法、植物诊断法和树相诊断法等（孙聪伟，2015）。

　　土壤是果树吸收养分，合成有机物的基础，通过土壤分析可以检验土壤环境是否适合根的生长，了解地上部和地下部的关系，尤其是判断缺素症的十分重要的背景资料。仝月澳认为土壤分析至少有以下作用：土壤养分的供应水平是反映树体营养盈亏、平衡或失调的一种可能性；有利于找出缺素的原因；为预测最低限制因子提供依据（陈举鸣，1986）。李玉鼎（2004）认为葡萄出土前土壤养分相对稳定，并且其研究结果表明，深层土壤中的微量元素对葡萄果实品质的形成具有重要作用。贾文竹等（2007）制定了河北省葡萄园地力评价指标，根据地力评价指标的范围可以确定出葡萄园土壤养分的丰缺状况。土壤调控是枣产业资源高效利用和生态环境健康安全的重要手段。史彦江（2016）等针对新疆阿克苏地区枣园土壤肥力状况及土壤环境质量进行了分析，结果表明，高肥力枣园所占比重很低，当前枣园肥料投入主要依靠化肥，而化肥在使用不当的情况下容易引起土壤养分不平衡和养分流失（刘世梁，2018）。

　　叶分析诊断技术，19世纪末，受李比希矿质营养归还学说的影响，西欧的园艺学家们致力于土壤化学测定工作，以了解土壤养分状态，并通过施肥补充果树所需要的养分（陈举鸣，1986）。1926年，法国人Lagalu和Maume发现，植物叶片内营养元素含量的变化反应最为敏感，从而首次提出"叶分析"技术（苏德纯，1988）。叶分析的创立为指导合理施肥做出了巨大贡献。Faust在总结美国果树科学对生产所做出的贡献时，曾将叶分析技术、整形修剪和生长调节剂的应用并列为果树发展史上的三大里程碑，它对提高肥料利用率、产量和品质起到了巨大的作用。诊断施肥综合法（Diagnosis Recommendation Integrated system，简称DRIS）是针对作物叶片营养临界值诊断方法的不足，为了避免由于养分之间的假拮抗作用而引起化学诊断的误诊，以养分平衡理论为依据，采用植物体内养分浓度的比值为诊断指标（Kim，1986）。该法不仅利于诊断叶片各营养元素的丰缺情况，还能确定出需肥顺序（Goh，1992）。李港丽等（1985，1987）最先开展了我国果树标准叶样及葡萄、梨、桃、苹果果树叶片营养元素含量标准值的探索，在北京、山东、河北、新疆等地采集果园叶片样品，分析叶片营养元素含量，并和国外发表的叶片营养元素标准值进行比较，制定了我国欧亚种葡萄叶内营养元素含量的标准值。目前叶分析在果树和一些经济作物的营养诊断上已成功得到应用（徐叶挺，2014）。

　　土壤水分对果实生理的影响。土壤水分被植物根系吸收后，在植物体内以根系→茎→叶片表面（或果实）的途径进行着连续不断的单向流动。根系介质水分状况的改变将直接影响到整个水分循环的进行，进而影响到植物生长代谢的各个方面。土壤水分的变化对果树的生长有着重要的影响（郗荣庭，1999）。彭永宏（1995）通过对猕猴桃生长与蓄水量的研究表明，果实的增长对水分响应很敏感，土壤水分亏缺对果实增长有抑制作用，其中前期的土壤水分对果实的增长抑制作用更大（彭永宏，1995）。水分胁迫一般增加果实最终的硬度，可能是由于灌水树的果实因果实细胞扩展大，硬度相应下降（Atkinson，1998）。kihli等（1996）报道苹果果实生长后期水分胁迫处理和整个季节一直干旱处理均能提高果肉的硬度。Peng和Rabe分别在生理落果后0~2周和0~4周对蜜柑进行亏缺灌溉，结果表明，与正常灌溉树相比，显著地提高了果实的总可溶性固形物含量（1998）。刘明池（2011）研究后认为，可溶性固形物含量、糖酸比与土壤水分含量呈显著的负相关。在干旱胁迫初期，植物中可溶性糖含量增加，而胁迫后期其含量却降低，这可能是呼吸作用的增强和光合作用的衰竭所致（苏淑钗，1994）。在水分胁迫期间，果实内的可溶性糖含量、还原糖含量、酸含量增加，在水分胁迫结束时显著高于正常灌溉的果实（程福厚，2003）。

新疆红枣种植模式与国内其他传统栽培模式完全不同，以滴灌直播矮化密植栽培为主，在营养生长以及产量形成上与传统栽培亦有明显不同，其水肥管理方式和技术也完全不同。随着近年新疆兵团直播密植枣园早产丰产性能的突出表现，水肥管理在兵团红枣生产中有着巨大的增产潜力。但由于目前枣园节水灌溉栽培技术很不成熟，生产中经验式、盲目灌溉施肥现象普遍存在，密植枣园水肥投入的高效性得不到体现。过高的水肥投入，加大了生产成本，引发植株生长过旺，产量调控目标不易实现；不合理的水肥投入，增加了枣树夏季修剪的工作量，职工劳动强度大；水肥调控不合理，易造成枣树越冬安全性大大下降，枣树越冬受冻现象时有发生。近两年，兵团在密植枣园水肥高效利用方面进行了一些尝试，但由于应用年限较短，与之匹配的水肥需求机理及相配套的专用肥及装置研究相对薄弱，水肥管理的科学性还未能充分发挥。上述问题严重制约了枣产业的持续发展。

新疆兵团红枣种植区主要分布于风沙前沿和水源下游、气候干旱、降水稀少、土壤贫瘠的农牧团场。水资源紧缺和土壤贫瘠已成为兵团红枣产业发展的一个重要的瓶颈。水资源紧缺影响枣树生长发育，土壤贫瘠影响果实产量和品质。大力开展节水灌溉技术和高效施肥及专用肥的研制技术，提高水肥利用效率、改善品质是兵团红枣可持续发展的重要途径。柴仲平等（2010）

认为枣树在年生长周期中枣叶萌发对氮和磷的吸收逐渐增加，在果实膨大期达到吸收高峰，随后开始降低；而对钾肥的吸收在萌芽开花期需要量相对少，坐果后明显增加。杨生权（2008）研究认为土壤pH值和有机质含量对柑橘果实产量有一定的影响；土壤中大量养分N、P、K、Ca对柑橘果实产量影响极显著；微量养分对柑橘果实产量影响较小。在红枣的各生育期，树体养分的累积对红枣品质的形成有直接的影响，生物量的累积是以养分吸收为基础，反映了养分的有效吸收状况（王建勋，2007）。掌握红枣生育期中土壤养分的变化动态，结合红枣的需肥规律和生长发育状况，有机肥与速效肥合理配施，不仅有利于土壤碱解氮、全氮、有机质、速效磷积累，使土壤养分尤其是速效养分在整个生育期间保持较高的水平，而且还可以提高肥料的利用率（高疆生，2015）。本研究立足滴灌密植枣园水肥高效利用，大力推动兵团枣产业资源节约型和集约化生产的科技支撑，增强兵团红枣生产科技含量，支撑红枣直播密植节水生产方式的先进性，提升兵团红枣市场竞争力，有效促进兵团乃至全疆枣产业的大力发展。

一、试验地概况与水肥调控技术设计原理

（一）试验区概况

试验区设于和田皮墨垦区224团，地处塔克拉玛干沙漠南缘，属典型温带大陆干旱性气候，自然条件极为恶劣，生态环境十分脆弱。年扬沙浮尘天气260多天，年均降水量35 mm，年蒸发量2480 mm。年总辐射607.39 kJ/（cm²·年），光合有效辐射303.90 kJ/（cm²·年），1年中气温≥10 ℃期间的有效辐射达210.97 kJ/（cm²·年）。每年4~9月累计日照时数达1460.8 h，日照率61%。无霜期201 d，日平均气温≥10 ℃天数208 d，≥10 ℃积温4297.0 ℃，6~9月平均日温差13.4 ℃。土壤为碱土，土壤贫瘠，有机质、全氮、全钾、水解氮、有效磷含量极低，全磷、速效钾、交换性镁含量中等，交换性钙含量高，试验地土壤田间持水量和容重调查详见表3-9。

表3-9 试验地土壤田间持水量和容重调查表

土壤深度（cm）	土壤容重（g/cm³）	土壤田间持水量（%）
0~20	1.57±0.05	12.41±0.24
20~40	1.53±0.07	18.76±0.09
40~60	1.75±0.03	14.82±0.10
60~80	1.60±0.11	9.46±0.17

试验于2012年进行，选取224团1连6年生骏枣为试验材料，该骏枣园园相整齐，树势一致，株行距4 m×1.5 m。试验地安装滴灌系统，距离枣树根系50 cm铺设2条滴灌管进行灌溉，管长75 m，滴头流量2.8 L/h，压力达1.2～1.5个标准大气压。每个小区面积：900 m²，毛管直径：16 mm，内镶式滴灌管，工作压力：0.1 MPa。

（二）水肥调控技术设计原理

1.滴灌骏枣高效用水关键技术原理依据

（1）田间灌溉试验方案设计

通过对224团骏枣园的实地考察，最后确定试验方案。具体参照《灌溉试验规范》SL 13-2004中"按不同土壤含水率下限标准，设置不同处理灌溉试验，确定灌溉制度"。

灌溉指标：在实测土壤容重和田间持水量的基础上，结合枣树生育期内土壤含水率达到田间持水量的60%～70%时，一般能正常生长发育原则，设置土壤含水率的下限为45%～65%，进而设置3个不同的灌溉梯度，分别占田间持水量的45%、55%、65%。

灌溉时间：为土壤水分达到下限的日期，即土壤水分分别达到田间持水量的45%、55%、65%时进行灌溉。

灌水定额：参照灌水量=666.7×（$\theta_{max}-\theta_{min}$）×土壤容重×计划灌水层深度/水的容重进行计算（1），并通过水表来控制每次实际的灌溉定额，每次的灌溉定额值如表3-10所示，其中计划灌溉深度0.6 m，土壤容重为1.6 g/cm³。另设一个对照进行比较，灌溉定额以当地灌溉量为参考，灌溉量在灌溉结束后通过水表来记录。

表3-10 各处理试验区灌溉方案

处理	灌溉量（mm）								合计
	萌芽期 04-06—04-19	展叶期 04-20—05-15	初花期 05-16—05-28	盛花期 05-29—06-20	末花期 06-21—07-10	果实膨大期 07-11—08-20	果实白熟期 08-21—09-10	果实成熟期 09-11—09-30	
天数(d)	15	26	13	23	20	41	21	20	179
45%	64.84	50.76	43.36	154.2	78.43	221.15	60.42	47.09	720
55%	70.43	42.94	62.28	90.58	81.32	199.36	53.73	32.44	633
65%	61.02	56.97	27.38	63.61	87.24	161.15	53.96	41.68	553
对照	60.57	44.59	41.83	101.75	71.5	231.36	73.01	67.77	692

（2）湿润峰试验设计

为了研究灌水时间对湿润峰的影响，在灌水试验小区内，选取相同滴头流量下6个测试点，分别在灌水2、4、6、8、10、12 h后，测定滴头下垂直0～120 cm各层的土壤含水量，同时测定各层水平方向0～120 cm各层土壤含水量。采用TDR法测定各土样含水量，通过各点土壤含水量绘制湿润峰图。

土壤含水量测定：试验设置3个不同灌溉梯度，土壤含水率分别是田间最大持水量的45%、55%、65%，每个灌溉梯度3个重复，使用DIVINER 2000仪测定枣树根系周围0～120 cm层土壤体积含水量，每2天测定一次且在灌水前后加测，灌溉量通过计算公式（1）求得。同时每个处理都安装了水表，共12块，可直观的控制灌溉量，使试验更方便操作。

田间需水量（耗水量）的计算：

根据《灌溉试验规范》（SLl3-2004）规定，参照作物实际耗水量的计算公式：$ET_1\text{-}2=10\sum\gamma_i H_i(W_{i1}-W_{i2})+P+M+K-C$（2），计算骏枣的田间耗水量。

式中：ET为阶段耗水量（mm）；P为时段内降雨量（mm）；M为时段内灌水量（mm）；K为时段内地下水补给量（mm）；C为时段内深层渗漏量（mm）；ΔW为时段内土壤储水量变化（mm）；γ_i为第i层的土壤干容重（g/cm³），H_i为第i层的土壤厚度（cm）；W_{i1}、W_{i2}为第i层土壤计算时段始、末的含水量（以占干土重的百分率计）。

因试验区属于典型沙漠地区，地下水深度较深，故无地下水补给，$K=0$；另外滴灌引起深层渗漏很小，$C=0$。因此，水量平衡方程变为$ET_1\text{-}2=10\sum\gamma_i H_i(W_{i1}-W_{i2})+P+M$（3），可计算出枣树生育期各个阶段的耗水量$ET$（mm），根据实际观测的各生育期出现的时间，可计算出其日耗水强度R（mm/d）。

2.滴灌骏枣叶营养诊断技术原理依据

本试验采用叶营养诊断临界值法、DIRS法、图解法的优缺点，以临界值法结合DIRS法指导生产，建立骏枣叶营养诊断技术方法及标准。

叶片的采集：在枣园3个不同区域进行叶片采集，在每个试验地中选择长势一致的6年生骏枣，分别在5月10日、5月29日、6月18日、7月10日、8月4日、8月23日、9月10日、10月3日等8个时期进行采集样品，每个时期、每块试验地选择30株树采集，要求选择生长健壮的老枣股和长势旺盛的新生枣头，取样部位为老枣股上长势旺盛枣吊上部完全展开的叶和新生枣头上完全展开的叶，每个时期、每块试验地、每个部位取样200个叶片作为1个混合样，装入塑料袋内，尽快带回实验室。

3.滴灌骏枣优化配方施肥技术原理依据

骏枣施肥试验采用三元二次回归旋转试验设计（表3-11，3-12），共20个处理，每个处理一行，每个处理设3个重复，按随机区组排列。氮、磷、钾肥，分别采用尿素（N含量46%）、磷酸一铵（P_2O_5含量64%）和硫酸钾（K_2O含量50%），在4—8月份施用，确定最佳的施肥方案。

表3-11　氮、磷、钾田间单肥试验因素水平设计表

因素(纯用量)(kg/亩)	变化间距	处理水平(X_{aj})				
		-1.682	-1	0	1	1.682
X1(N)	12	0	11	23	35	47
X2(P)	6	0	5	11	17	23
X3(K)	3	0	14	17	20	23

表3-12　氮、磷、钾三因素三元二次回归旋转施肥设计编码表

处理号	X1(N)	X2(P)	X3(K)	处理号	X1(N)	X2(P)	X3(K)
1	1	1	1	9	1.682	0	0
2	1	1	-1	10	-1.682	0	0
3	1	-1	1	11	0	1.682	0
4	1	-1	-1	12	0	-1.682	0
5	-1	1	1	13	0	0	1.682
6	-1	1	-1	14	0	0	-1.682
7	-1	-1	1	15	0	0	0
8	-1	-1	-1				

注：设计方案中共有20个处理号，其中16—20同15处理水平相同，施肥量均为纯氮（N）、磷（P_2O_5）、钾（K_2O）的量，以具体地块当地水平为基准量。

二、骏枣滴灌高效用水关键技术研究

（一）滴灌条件下骏枣园土壤水分运移及分布规律

1.不同滴水时间湿润峰的变化特点

滴灌条件下土壤湿润体的大小决定作物地上部分和地下部分的生长状况，土壤湿润体形状不仅受灌水量、滴头流量的限制，也受滴水时间的限制。本试验研究结果表明，在灌水量和滴头流量一定的情况下，滴水2～4 h过程中，土壤水分既有水平方向的运移，也有垂直方向的扩散，但水分在垂直方向上的变化速率较快，且供水处的土壤含水率最大（图3-33、图3-34）。

滴水6～8 h过程中，土壤水分运动以水平方向为主，垂直方向变化较缓慢。此时土壤深度30 cm处的土壤体积含水量达到了田间持水量的80%，已处于饱和状态（图3-35、图3-36）。滴水10～12 h过程中，滴头正下方土壤水分已渗入50 cm处，但土壤水分运动主要以水平方向为主，垂直方向变化较缓慢，同样30 cm处土壤体积含水量此时仍然最大（图3-37、图3-38）。

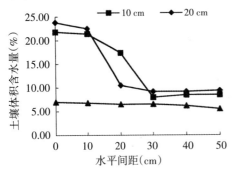

图3-33　滴水2 h湿润峰特点

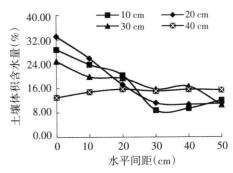

图3-34　滴水4 h湿润峰特点

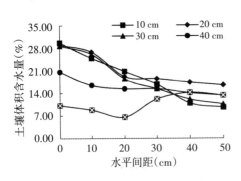

图3-35　滴水6 h湿润峰特点

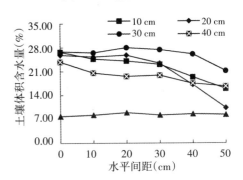

图3-36　滴水8 h湿润峰特点

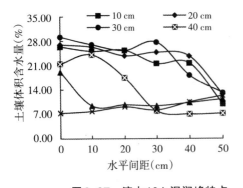

图3-37　滴水10 h湿润峰特点

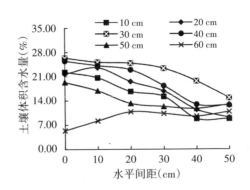

图3-38　滴水12 h湿润峰特点

滴灌条件下沙地土壤水分在滴灌开始后，湿润峰所到之处土壤含水量在较短的时间内会有较大的增加，并在不同的含水量下达到稳定，在整个湿润体内，各点处稳定的土壤含水量不完全相同，供水点处的土壤含水率最高，距供水点越远，含水率越低。

2.停水后土壤水分再分布特点

在滴灌过程中，由于稳定的水源供给，所以湿润体内的土壤含水量普遍较高。当滴灌停止后，土壤水分在自身重力、吸引力梯度的作用下会继续向外扩散运动，也就是土壤水分的再分布。本试验研究结果如图3–39所示，停水开始后饱和区的土壤含水量开始下降。稳定层50 cm处的土壤含水量持续稳定相对较高，达到了田间持水量的75%左右，但湿润层60 cm处的土壤体积含水量急速上升，直到停水24 h后才达到田间持水量的75%左右。土壤深度70～120 cm处的土壤体积含水量相对较低且保持稳定。

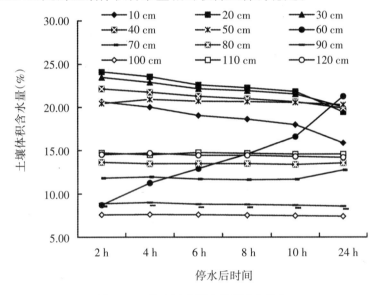

图3 39　停水后土壤水分再分布特点

（二）滴灌条件下骏枣耗水规律研究

1.灌水量对骏枣生育期耗水规律的影响

和田皮墨垦区自然条件十分恶劣，昼夜温差大，导致枣树各生育期对水分的需求量有很大差别。本研究表明，枣树萌芽展叶期，叶面积较小，叶面蒸腾量少，气温较低，耗水量较小。开花坐果期是枣树营养生长和生殖生长并进的时期，耗水量较大，尤其末花期出现了枣树生育期耗水的第一次峰值，各处理平均耗水强度达到4.94 mm/d。花期要求较高湿度，此生育期如空气干燥，则影响花粉粒萌发，不利授粉受精，易造成大量落花落果。另外，骏枣第二次耗水高峰期出现在果实白熟期，各处理平均耗水强度为5.31 mm/d，最高值达到了5.53 mm/d（表3-13）。果实白熟期是果实膨大与成熟的转折期，体积增长缓慢，但糖分、可溶性蛋白等次生代谢物质积累速度加快，同时沙漠区此阶段的气温仍然很高，导致耗水量较大。枣树进入果实成熟期后，随着太阳辐射强度降低，叶片蒸腾作用减弱，对水分的需求量减少，耗水量相对较低。

因此，滴灌条件下骏枣需水的关键时期为开花坐果期和果实白熟期，也是灌水效益集中体现的时期，这两阶段的需水量较大。

2. 灌水量对水分生产率及骏枣产量的影响

根据传统的灌溉理论，果树灌水是依照某种作物达到单位面积最高产量为灌溉设计的基本标准。本试验研究表明，灌水量在553 mm左右时，骏枣的水分生产率最高为1.15 kg/m³（表3-14），较灌溉量633 mm的处理和692 mm的对照分别提高了49.35%和23.66%。因此，骏枣生育期内，灌溉后保持土壤含水量占田间持水量65%时，水分生产率最高。

表3-13　不同灌水量时骏枣各生育期耗水情况

田间持水量	项目	物候期								全生育期
		萌芽期 04-16— 04-19	展叶期 04-20— 05-15	初花期 05-16— 05-29	盛花期 05-29— 06-20	末花期 06-21— 07-10	膨大期 07-11— 08-20	白熟期 08-21— 09-10	成熟期 09-11— 09-30	
45%	耗水量（mm）	12.64	63.10	56.28	144.06	97.79	180.21	107.41	82.17	743.66
	模比系数(%)	1.70	8.49	7.57	19.37	13.15	24.23	14.44	11.05	100
	耗水强度（mm/d）	0.84	2.43	4.33	6.26	4.89	4.40	5.11	4.11	4.15
55%	耗水量（mm）	6.70	62.63	62.46	113.27	109.45	150.53	111.23	66.14	682.41
	模比系数(%)	0.98	9.18	9.15	16.60	16.04	22.06	16.30	9.69	100
	耗水强度（mm/d）	0.45	2.41	4.80	4.92	5.47	3.67	5.30	3.31	3.81
65%	耗水量（mm）	2.22	56.67	23.34	77.42	89.14	117.66	116.06	70.57	553.07
	模比系数(%)	0.40	10.25	4.22	14.00	16.12	21.27	20.98	12.76	100
	耗水强度（mm/d）	0.15	2.18	1.80	3.37	4.46	2.87	5.53	3.53	3.09

表3-14　不同水分处理对水分生产率的影响

田间持水量	灌水量 （m³/hm²）	耗水量 （m³/hm²）	产量（干枣） （kg/hm²）	灌水生产效率 （kg/hm²）	耗水生产效率 （kg/hm²）
45%	7203.60	7440.30	5535	0.77	0.74
55%	6333.17	6827.51	6600	1.04	0.97
65%	5532.77	5533.47	6390	1.15	1.15
CK	6923.46	——	6435	0.93	——

　　骏枣果实产量随灌溉量的增加呈先升高后降低的趋势，如图3-40所示。经相关性分析表明，产量与灌溉量之间的相关性符合 $y=-277.5x^2 + 1114.5x + 5535$，相关系数 $R^2 = 0.9906$。因此，从产量相关性分析可知，即灌溉后土壤含水量下限控制在田间持水量的55%时，骏枣产量最高。

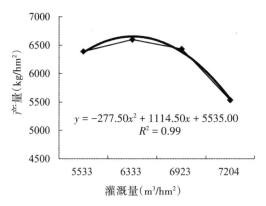

图3-40　灌溉量与果实产量之间的关系

（三）滴灌骏枣花期土壤水分动态变化及对光合作用的影响

1.不同水分处理枣园田间土壤水分动态变化

　　骏枣初花期田间土壤水分动态如图3-41、3-42所示。滴灌条件下0~20 cm处，各处理土壤体积含水量在灌水前无明显差异，灌水后（在5月24日）第3天监测表明45%处理的含水量较高。20~40 cm处，灌水前各处理的土壤含水量差异显著，灌溉量越小，水分下降速率越快，灌水后第3天各处理的土壤体积含水量相等。40~60 cm处，同样在灌水前土壤体积含水量差异极显著，含水量由高到低依次为65%处理＞55%处理＞45%处理。60~80 cm处，土壤水分在灌溉前后均无显著变化，表明在枣树初花期，灌水量27.38 mm的灌水定额，土壤湿润范围有效控制在0~60 cm范围内，未能影响到80 cm处土壤水分的变化。

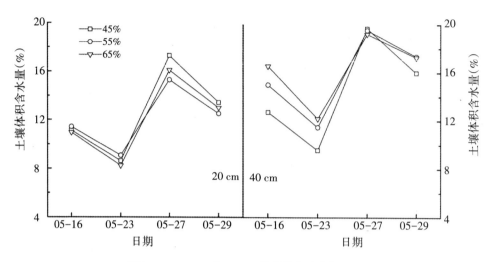

图3-41　20 cm和40 cm处土壤水分变化特征

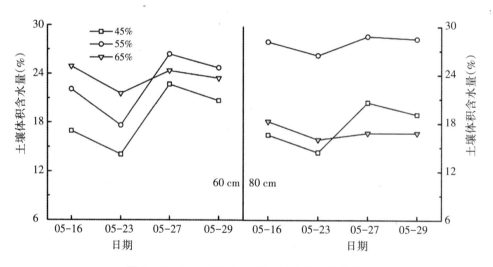

图3-42　60 cm和80 cm处土壤水分变化特征

　　盛花期田间土壤水分动态如图3-43、3-44所示。滴灌条件下0~20 cm处，各处理土壤体积含水量在灌水前后均无明显差异。20~40 cm处，灌水前各处理的土壤含水量差异显著，6月7日第一次灌水后，土壤体积含水量均迅速上升，最大值达到田间最大持水量的69.5%，最小值占58.57%。6月13日第二次灌水后，S1和S2含水量又缓慢上升，S3的含水量持续在下降，直到6月20日降到最低14.84%，占田间持水量的49.84%。40~60 cm处，第一次灌水之后，S2和S3均达到田间持水量90%和80%，但S1的灌溉量相对较少，未能达到理论设计的最大田间持水量。由该层土壤水分变化情况分析表明，在盛花初期按照田间最大持水量80%，即灌溉41.78 mm之后，直到6月20日，65%处理的土壤体积含水量仍为21.58%，占到田间持水量的70%，故6月13日的灌水时间应该继续向后推迟5～7 d，灌溉量控制在21.83 mm左右。

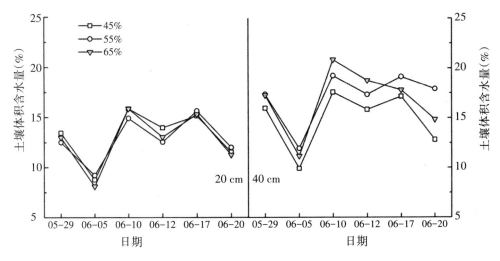

图3-43　20 cm和40 cm处土壤水分变化特征

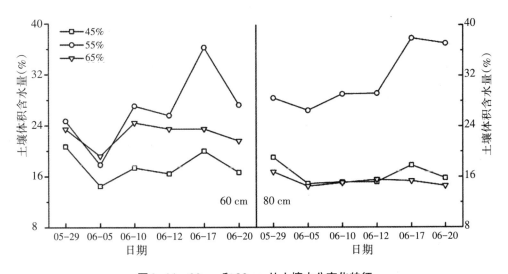

图3-44　60 cm和80 cm处土壤水分变化特征

末花期土壤水分动态变化特征如图3-45、3-46所示，0～40 cm处的土壤水分变化与盛花期相似，灌溉量越大，该层土壤体积含水量越高。40～60 cm处的土壤含水量变化表明，55%处理的灌溉时间同样应向后推迟5 d左右，与理论设计的时间出现了偏差。另外，末花期土壤含水量相对变化较快，主要是前期所坐的幼果正在快速生长发育，同时，此时南疆气温在逐渐升高，土壤消耗水分相对剧烈。

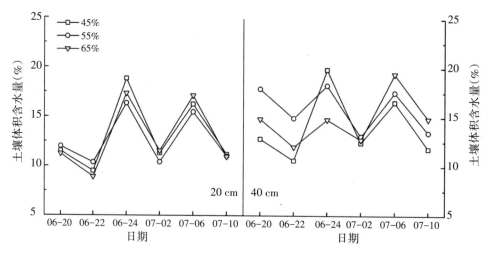

图3-45 20 cm和40 cm处土壤水分变化特征

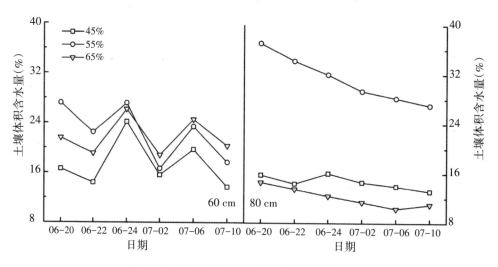

图3-46 60 cm和80 cm处土壤水分变化特征

2.不同水分处理对骏枣光合特性的影响

不同水分处理对骏枣盛花期光合特性的影响如表3-15所示。净光合速率随灌溉量的减少而增加，当土壤含水量降到田间持水量45%左右时，净光合速率和蒸腾速率均最小，与其他处理形成极显著差异水平。水分利用率的最大值为S3和CK，分别较S2提高了15.32%，形成显著差异水平。胞间CO_2浓度最高为 S2 处理的 351.57×10⁻⁶，较最低的 S1 和 CK 分别提高了 20.84% 和 19.95%，均形成极显著差异水平。气孔限制值 S2 处理最小，达到极显著水平，其他处理之间均不显著。当土壤含水量降到田间持水量 55% 左右时，气孔导度最大，较 S1 和 CK 分别提高了 132.82% 和 37.55%，达到极显著差异水平。

表3-15　不同水分处理对骏枣光合特性的影响

田间持水量	45%	55%	65%	CK
净光合速率(μmol/m²·s)	8.70±0.89bB	13.93±0.89aA	15.81±1.39aA	14.87±1.67aA
蒸腾速率(mmol/m²·s)	3.50±0.16cB	5.93±0.07aA	5.84±0.17aA	5.50±0.27bA
水分利用率(μmol/mol)	2.48±0.15ab	2.35±0.14b	2.71±0.16a	2.70±0.17a
胞间 CO_2 浓度(×10⁻⁶)	290.93±5.03cC	351.57±8.76aA	308.83±3.84bB	293.10±1.73cC
气孔限制值	0.397±0.013aA	0.279±0.018cB	0.370±0.007bA	0.401±0.003aA
气孔导度(mmol/m²·s)	74.27±10.01cC	172.90±13.81aA	145.49+15.80bAB	125.70+15.11bB

骏枣花期叶绿素含量变化如图 3-47 所示。初花期叶绿素含量随灌溉量增加呈上升趋势，叶绿素含量最高的 S1 较 CK 提高了 3.86%。初花末期 S1 和 CK 叶绿素含量较展叶期分别提高了 2.66% 和 3.69%。盛花期叶绿素含量变化趋势与灌溉量的变化一致，灌溉量越大，叶绿素含量越高，含量最高的 S1 较 S3 提高了 6.34%。盛花期的叶绿素含量均高于初花末期，其中 CK、S1、S2 和 S3 分别提高了 9.51%、7.27%、4.07% 和 3.09%。末花期叶绿素含量与盛花期比均有下降，S2 和 S1 下降最多，分别为 13.67% 和 10.01%。坐果结束后 CK 和 S3 叶绿素含量略有上升，S2 和 S3 的则有所下降。

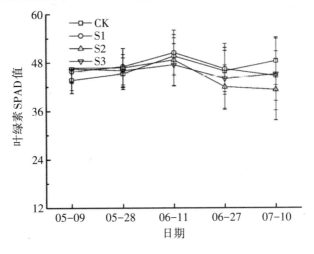

图3-47　不同水分处理对骏枣花期SPAD值的影响

3.灌溉量与骏枣光合参数的相关性分析

为了研究骏枣盛花期不同灌溉量对光合作用的影响程度，运用DPS7.05数据分析软件依次对净光合速率、蒸腾速率、水分利用率、胞间CO_2浓度、气孔限制值、气孔导度和灌溉量进行相关性分析，结果如表3-16所示。骏枣盛花期的灌溉量与净光合速率、蒸腾速率均成负极显著相关，其中净光合速率和蒸腾速率与灌溉量之间的相关性分别符合$y = -0.0007x^2 + 0.0763x + 13.607$和$y = -0.0004x^2 + 0.0549x + 3.88$，相关系数分别为$R^2 = 0.957$和$R^2 = 0.9922$。即灌溉量越大，光合利用效率越低，说明骏枣盛花期应少量多次灌溉，既能增加空气湿度，又能满足坐果需要的水分。

表3-16　灌溉量与骏枣光合参数的相关性分析

	x1	x2	x3	x4	x5	x6	x7
x1	1.0000						
x2	0.93**	1.0000					
x3	0.55*	0.2200	1.0000	−0.52*			
x4	0.3000	0.58*	−0.52*	1.0000			
x5	−0.2500	−0.53*	0.54*	−1.00**	1.0000		
x6	0.80**	0.93**	0.0300	0.81**	−0.77**	1.0000	
x7	−0.90**	−0.93**	−0.3000	−0.4400	0.3800	−0.81**	1.0000

注:**代表相关性极显著($P<0.01$)，*表示相关性显著($P<0.05$).

南疆绿洲区属于大陆干旱性气候，降雨稀少、蒸发强烈，水资源严重短缺，灌溉对于该地区作物稳产、增产具有不可替代的作用。枣树花期是枣产量和品质形成的关键时期，此时土壤水分变化是影响枣树营养生长向生殖生长转换和产量形成的决定因素之一。本研究根据骏枣花芽分化进程，研究了初花期、盛花期和末花期土壤0～80 cm处的不同深度的水分动态变化情况。结果表明，滴灌条件下0～20 cm处，土壤体积含水量与灌溉量之间无明显差异，土壤水分变化最为显著的集中于20～40 cm处，即根系富集区。40～60 cm之间，土壤体积含水量的恒定变化是保证根系富集区土壤水分供应能力的关键。骏枣初花期的灌水定额为27.38 mm时，土壤湿润范围能有效控制在0～60 cm之间的根系分布区，且未能影响到80 cm处土壤水分的变化。盛花期第一次灌水，土壤体积含水量控制在田间最大持水量的65%左右，即灌溉定额为41.78 mm。6月13日第二次灌溉21.83 mm，直到盛花末期，40～60 cm之间土壤体积含水量能保持在田间持水量的70%，均可满足开花坐果时水分的需要。末花期第一次灌水，土壤体积含水量控制在田间最大持水量的55%左右，灌溉35.47 mm，第二次土壤体积含水量控制在田间最大持水量的65%左右，灌溉31.42mm，40～60 cm之间的土壤体积含水量同样保持在田间持水量的70%以上。

果树生长发育主要依靠自身的光合生理作用，生态环境因子将会对整个进程产生重要影响。土壤水分对果树光合生理过程的影响是探讨果树生理变化机制的基础。本研究结果表明，净光合速率随灌溉量的减少而增加，当灌溉量为田间持水量65%左右时，净光合速率最高，水分利用率也最高。这与王颖等在陕北梨枣花期光合作用的研究结果不一致，主要原因是栽培模式和气候条件不同，南疆枣树花期恰逢夏季高温的初始阶段，沙漠边缘的气候干燥，蒸发量强烈，水分耗散速度快，为使枣树具有适宜的空气湿度，少量多次灌溉为宜。滴灌条件下，骏枣园土壤深度0～20 cm处体积含水量与灌溉量之间无明显差异，水分变化最为显著的集中于20～40 cm的根系富集区。土壤深度40～60 cm之间体积含水量的恒定控制在田间最大持水量的65%左右是保证根系富集区土壤水分供应能力的关键。整个花期灌溉5次，每7～10 d灌溉1次，灌溉定额控制在25～40 mm之间，均可满足骏枣开花坐果时水分的需要。

南疆骏枣种植区，开花坐果期适宜的灌溉量可以提高光合利用效率，灌溉量为田间持水率的65%处理的净光合效率和水分利用效率较其他处理高，是适宜南疆地区骏枣盛花期营养生长向生殖生长转换时，叶片进行光合作用的水分管理措施。

（四）灌水量对果实品质的影响

1.灌水量对果实纵横径的影响

在骏枣果实发育整个进程中，对不同土壤水分下限处理的果实纵横径进行了观测，结果表明，骏枣果实纵横径在果实发育过程中均呈现先增大后减少的趋势，且均在果实白熟期出现峰值。在果实生育期内纵径最大值为65%处理，最小值为CK（图3-48），同样横径最大值为65%处理，最小值为CK（图3-49）。果实完全成熟时，不同土壤水分下限处理的果实纵横径总体变化趋势为65%处理＞45%处理＞55%处理＞CK处理。

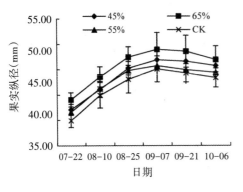

图3-48　果实纵径变化

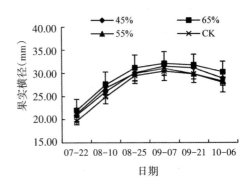

图3-49　果实横径变化

2.灌水量对骏枣单果重和可溶性糖含量的影响

灌水量对骏枣单果重的影响如图3-50所示。在果实发育过程中，不同土壤水分下限处理的单果重均呈先上升后降低的趋势，果实成熟前期出现峰值。在果实整个生育期内各处理单果重的变化趋势为55%处理＞CK处理＞65%处理＞45%处理，且55%下限处理与其他处理均呈极显著差异水平。可溶性糖含量变化如图3-51所示，果实糖分积累始于膨大前期，积累最快的时期为果实成熟期。各处理可溶性糖含量积累速率趋势为65%处理＞CK处理＞55%处理＞45%处理，其中65%处理较对照CK提高了5.52%。

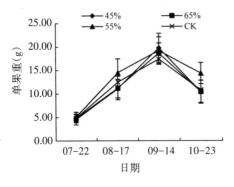

图3-50　果实单果重变化

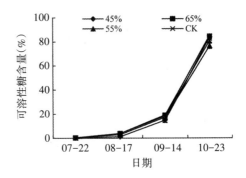

图3-51　果实可溶性糖含量变化

3.灌水量对果品等级的影响

在骏枣果实完全成熟后，对不同土壤水分下限处理的果实品质进行了观测，结果表明（表3-17），不同灌溉量对果品等级的影响显著，一级果65%处理与其他处理均达到极显著差异水平，相比对照CK提高了21.23%，二级果提高了8.05%。

表3-17　灌水量对骏枣果品等级的影响

田间持水量	灌水量(m³/hm²)	平均单果重(g)	一级果(%)	二级果(%)	三级果(%)	果形指数	可溶性糖(%)	VC(mg/100g)
45%	7203.60	10.42b	18.45Cd	40.48b	41.07Aa	1.58a	84.06a	20.8ABab
55%	6333.17	14.39a	25.26Bc	42.78a	31.96Bc	1.57a	76.67b	17.1Bbc
65%	5532.77	10.48b	31.63Aa	43.88a	24.49Cd	1.55a	85.44a	15.2Bc
CK	6923.46	10.82b	26.09Bb	40.61b	33.30Bb	1.55a	80.97ab	23.83Aa

注：数据采用SPSS17.0中的Duncan和Lsd多重比较进行分析，小写字母表示$P<0.05$，大写字母表示$P<0.01$，其他表同此。

（四）应用隶属函数法综合评价灌水量对产量及果实品质的影响

灌水量对红枣果实品质影响的评价是集成灌水量对果实外在形态特征和内在营养成分一体的综合性性状分析，单从某一指标评价红枣果实品质，难以客观真实反映其本质属性的影响程度，因此本研究采用隶属函数值法进行综合评价。隶属函数值法是一种综合评价方法，配合适当的性状指标能比较准确地评判灌水量的影响程度，即将各指标的平均数值换算成隶属函数值，取各指标隶属度的平均值作为灌溉量对产量及果实品质的综合评定标准。隶属函数公式（四）为：

$$U(X_i) = \frac{X_i - X_{\min}}{X_{\max} - X_{\min}}$$

如果某一指标与评判结果为负相关，则用反隶属函数进行定量转换。

计算公式为：$U(X_i) = 1 - \dfrac{X_i - X_{\min}}{X_{\max} - X_{\min}}$

式中：$U(X_i)$为隶属函数值，X_i为某项指标测定值，$X_{\max}$和$X_{\min}$为所有处理中某一指标的最大值和最小值。

应用隶属函数法综合评价该4种处理的不同灌溉量对果实形态特征、内在营养成分、果品等级以及产量和水分生产率的影响如表3-18所示，经综合评价，效果最好的为土壤含水量占田间持水量65%的处理，即最适合骏枣全生育期的灌溉量为5533 m³/hm²。

表 3-18　不同灌水处理隶属度的综合评价表

田间持水量	灌水量（m³/hm²）	产量（干枣）（kg/hm²）	灌水生产效率（kg/m³）	果实纵径（mm）	果实横径（mm）	单果重（g）	可溶性糖（%）	VC（mg/100 g）	一级果（%）	二级果（%）	综合评价	位次
45%	7204	5535	0.77	45.72	28.90	10.42	84.06	20.8	18.45	40.48	2.54	4
55%	6333	6600	1.04	44.40	28.25	14.39	76.67	17.1	25.26	42.78	4.51	2
65%	5533	6390	1.15	46.91	30.28	10.48	85.44	15.2	31.63	43.88	6.82	1
CK	6923	6435	0.93	43.38	28.04	10.82	80.97	23.83	26.09	40.61	3.48	3

三、滴灌条件下骏枣需水规律及灌溉制度研究

（一）滴灌条件下骏枣根系分布特征

骏枣树体主要根系分布层较一般作物根系深，其主要分布层为30～80 cm，树冠下为根系的集中分布区。本研究在224团六连选择了现行滴灌条件下4年生的骏枣树进行了根系调查试验。研究结果表明，在现行滴灌条件下骏枣的根系主要集中在20～40 cm处，占总根系的55.51%，直径在0.4～0.6 cm的根系占25.40%，其次是直径大于0.8 cm的根系，占14.64%（表3-19）。因此常规滴灌条件下骏枣的根系分布较浅，粗根的比例较大，细根较少。

表 3-19　滴灌条件下骏枣根系分布特征及比例关系

土层厚度（cm）	分布量（g/株）	所占比例（%）	d>0.8 cm 生物量（g/株）	d>0.8 cm 百分比（%）	0.4 cm<d<0.6 cm 生物量（g/株）	0.4 cm<d<0.6 cm 百分比（%）	0.2 cm<d<0.4 cm 生物量（g/株）	0.2 cm<d<0.4 cm 百分比（%）	d<0.2 cm 生物量（g/株）	d<0.2 cm 百分比（%）
0～20	119.2	16.68	79.88	11.18	16.15	2.26	12.49	1.75	10.68	1.49
20～40	396.76	55.51	104.62	14.64	181.57	25.40	73.27	10.25	37.3	5.22
40～60	168.12	23.52	92.37	12.92	56.8	7.95	11.67	1.63	7.28	1.02
60～80	30.63	4.29	30.63	4.29	0	0.00	0	0.00	0	0.00
合计	714.71	—	307.5	43.02	254.52	35.61	97.43	13.63	55.26	7.73

（二）滴灌条件下骏枣需水规律

本试验运用田间实测法，通过每2天1次对滴灌条件下骏枣全生育期土壤含水量进行测定，根据田间水量平衡方程所计算出滴灌骏枣生育期耗水规律

如图3-52所示。骏枣需水量在开花坐果期出现第一次峰值，尤其在末花期或坐果期的需水量最大，各处理此阶段的需水量分别为4.89 mm/d、5.47 mm/d、4.46 mm/d。其次是在果实白熟期出现第二次峰值，各处理此阶段的需水量分别为5.11～5.53 mm/d。在萌芽期和果实成熟期的需水量相对较少。因此，滴灌条件下骏枣需水的关键时期为开花坐果期和果实白熟期，这两阶段的需水较大，分别为5.47 mm/d、5.53 mm/d。同时表明，在和田地区正常年份且供水条件满足时，滴灌条件下骏枣全生育期内的耗水量为553～743 mm，萌芽期耗水强度为0.15～0.8 mm/d。展叶到开花坐果期耗水量持续增加，坐果期和果实白熟期的耗水强度达到最大5.53 mm/d，在试验区分别出现在6月下旬和8月下旬前后，果实成熟期的耗水强度变小3.3～4.1 mm/d。

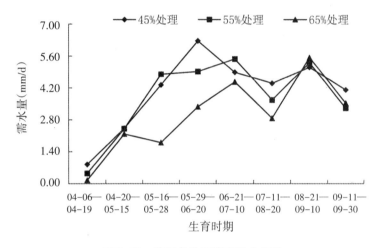

图3-52　滴灌条件下骏枣需水规律

（三）滴灌条件下骏枣灌溉制度优化与制定

1.滴灌条件下骏枣园土壤水分年度变化规律研究

由不同灌水处理隶属度的综合评价表明，骏枣全生育期内土壤体积含水量保持在田间最大持水量的65%以上时，无论从灌水生产率还是骏枣产量、果实品质以及果品等级等方面均表现最佳。此处理全生育期的土壤含水量变化趋势如图3-53所示。全生育期供水12次（未加冬灌水），在开花坐果期的需水量较大，灌水频率较高，其次是果实白熟期的需水量同样较大。灌水时间为当60 cm处土壤体积含水量降到田间持水量的65%时进行灌溉，能提高骏枣的水分利用率，同时保证产量、果实品质以及等级最佳。

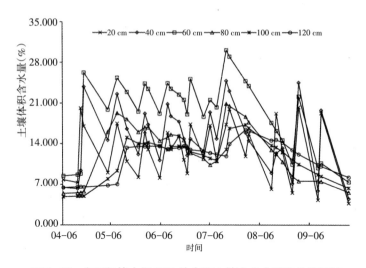

图3-53　占田间持水量65%的全面土壤水分含量变化趋势图

2.滴灌条件下骏枣园高效用水技术优化

当滴灌时间为16 h、灌溉量30 m³停水后，土壤水分在自身重力、吸引力梯度的作用下会继续向外扩散运动。停水后24 h内滴头正下方垂直方向土壤水分再分布的特点如图3-54所示，稳定层50 cm处的土壤含水量持续稳定相对较高，达到了田间持水量的75%左右，但湿润层60 cm处的土壤体积含水量急速上升，直到停水24 h后才达到田间持水量的75%左右。土壤深度70～120 cm处的土壤体积含水量相对较低且保持稳定。

停水后24 h时，土壤水分整体分布特点如图3-54。不仅滴头正下方土壤

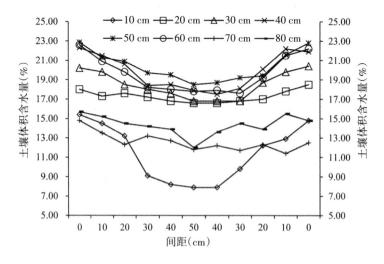

图3-54　停水24h后土壤水分含量变化分布图

40～60 cm处为水分富集区，而且枣树两边两个滴头下方40～60 cm处的湿润体相互重叠，含水量均在19%以上。土壤深度70～80 cm处的含水量几乎未发生改变，在双管滴灌管铺设、滴头流量为2.8 L/h，压力在0.1 MPa的运行状态下，土壤水分保持在田间持水量的65%以上的灌溉方式，有利于枣树根系对水分的吸收利用。

3.优化滴灌骏枣灌溉制度

灌溉制度是指在一定的自然环境和较为科学的农业种植技术下，按照作物的需水耗水规律和作物对水分亏缺的反映等生态学依据和取得高质高产高效的目标来决定作物的灌水时间、灌水次数以及灌水定额。

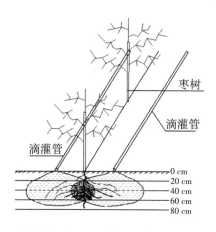

图3-55　滴灌骏枣"双区吻合式"高效灌溉示意图

本研究根据骏枣需水规律及滴灌条件下土壤水分富集区分布特征，提出骏枣"双区吻合式"灌溉方法，如图3-55所示。滴灌骏枣适宜的灌溉制度参数为：灌溉定额为390 m³，灌水定额为20～40 m³，其中萌芽期、展叶期与冬灌水分别为40 m³，其余均在20～35 m³。灌水周期为整个生育期灌水13次，萌芽展叶期2次，25～30 d/次；开花坐果期5次，7～13 d/次；果实迅速生长到成熟期5次，15 d/次；冬灌水1次。

四、滴灌骏枣营养诊断及优化配方施肥技术研究

（一）滴灌骏枣营养诊断技术研究

1.叶片中营养元素年周期变化规律

（1）N含量的年周期变化分析

氮在植物生命活动中占有重要地位，是每个活细胞的组成部分。它可以

促进光合作用，对骏枣的生长发育影响十分明显。新梢枣吊叶片和老枣股枣吊叶片中的N含量，都是呈先升高后降低的变化趋势，6月初之前含量迅速增加，新梢枣吊叶片中的N含量与老枣股枣吊叶片中的N含量相比，5月中旬以前老枣股枣吊中的氮含量略高于新梢枣吊叶片中氮含量。这与叶片的成熟度有关，枣股枣吊叶片成熟度高于新梢枣吊叶片。6月份以后新梢枣吊叶片中氮含量高于枣股枣吊叶片中的氮含量，这与成熟叶片分布位置不同，含量不同有关，新梢着生部位都在树冠外围，光照条件好，靠近顶端分生组织，吸收能力强。新梢枣吊叶片中氮的含量从6月下旬开始含量变化幅度较小，基本在3.4%～3.6%之间浮动。6月下旬开始枣股枣吊叶片中氮的含量变化趋势是随着生育期的不断进行含量逐渐减少，变化幅度是先快，然后趋于稳定，9月中旬后又迅速下降。这说明新梢叶片的功能稳定，枣股枣吊叶片衰老的快。

（2）P含量的年周期变化分析

磷在植物体中的含量仅次于氮和钾，一般在种子中含量较高。磷对植物营养有重要的作用。植物体内许多重要的有机化合物都含有磷。骏枣新梢枣吊叶片中的磷含量较枣股枣吊叶片中的磷含量高，前期含量差异先变大，后来差异慢慢变小，8月初含量基本相等，之后新梢枣吊叶片中磷含量较枣股枣吊叶片中含量略高，差异保持在一个较小的范围内。新梢枣吊叶片和枣股枣吊叶片中磷的含量变化趋势都是先下降后上升，然后再下降。叶片完全展开时，磷含量比较高，随着叶龄的增加，含量逐渐降低，8月份以后随着叶面肥的喷施含量起波动性变化。新梢枣股叶片中磷含量下降幅度大，新梢生长量大可能是磷变化幅度大的原因。新梢枣吊叶片含量较高可能是由叶片着生部位不同造成的，新梢枣吊叶片靠近顶端分生组织，光照充足，生长迅速。

（3）K含量的年周期变化分析

钾是植物的主要营养元素，同时也是土壤中常因供应不足而影响作物产量的三要素之一。其主要功能与植物的新陈代谢有关，钾能够促进光合作用，有助于提高作物的抗逆性。骏枣新梢枣吊叶片中的钾含量在整个生育期内高于枣股枣吊叶片中的钾含量，枣股枣吊叶片中钾含量变化为单峰变化趋势，在7月中旬时到达一个最大值，前期增长速度较快，后期下降速度较慢；新梢枣吊叶片中钾含量前期迅速升高，同样在7月中旬含量达到一个极大值，随后迅速下降，8月初达到后期的一个最低值，然后缓慢上升后又开始下降，9月中旬以后变化不大。这可能与骏枣叶片的生长发育有关，前期叶片功能不断健全，钾的吸收不断增加，叶片对钾的吸收大于对钾的消耗，坐果后随着果实的不断发育，钾的消耗逐渐增加，枣树的生长和果实的发育消耗大量的钾，这个时间叶片中钾的含量迅速下降，为了提高产量，后期追肥和叶面喷肥，使叶片中的钾含量有所增加。新梢枣吊叶片中的钾含量的变化趋势和变化幅度较枣股枣吊叶片中钾的含量变化明显，可能与新梢枣吊叶片的生长发育不一致，与喷施保花保果的生长调节剂、病虫害防治和叶面肥喷施过程中处于树冠外围的新梢枣吊叶片吸收的量较高有关。

骏枣新梢枣吊叶片和枣股枣吊叶片中氮磷钾元素年周期变化整体规律为：叶片中的氮含量，新梢枣吊叶片含量高于枣股枣吊叶片含量，枣股枣吊叶片含量的变化范围高于新梢枣吊叶片的含量变化范围。叶片中的磷含量，整个年生长发育周期内，新梢枣吊叶片中的含量高于枣股枣吊叶片中的含量，新梢枣吊叶片中的含量变化范围高于枣股枣吊叶片中的含量变化范围。叶片中的钾含量，在骏枣的年生长发育周期内，新梢枣吊叶片中的含量高于枣股枣吊叶片中的含量，叶片中的钾含量不稳定，新梢枣吊叶片中含量范围也大于枣股枣吊叶片中的含量变化范围。通过骏枣不同部位叶片中氮磷钾元素的年周期变化规律可知：叶片中N、P、K含量以新梢枣吊叶片中含量较高，新梢枣吊叶片中N含量在6月下旬至8月中旬相对稳定，是N诊断的最佳时期；新梢枣吊叶片中P含量在7月上旬至9月中旬相对稳定，是P诊断的最佳时期；新梢枣吊叶片中K含量在8月上旬至10月上旬相对稳定，是K诊断的最佳时期。

2.骏枣叶片中大量元素营养诊断最佳部位和最佳时间的研究

（1）不同时期叶片中大量元素含量相关性

骏枣不同部位、不同时期叶片中N含量均值差异检验。对每个时期28个试验处理制的叶样的N含量进行不同部位的均数t检验和配对t检验，检验结果见表3-20。5月10日枣股枣吊叶片中N含量和新梢枣吊叶片中N含量均数t检验的均值差异性检验和配对t检验的均值差异检验的结果都是$P=0.0001$，两个部位的N含量值差异极显著，枣股枣吊叶片中N含量与新梢枣吊叶片中N含量正相关，其相关系数为0.6713；6月18日新梢枣吊叶片中N含量和枣股枣吊叶片中N含量均数t检验的均值差异性检验和配对t检验的均值差异检验的结果都是$P>0.05$，两个部位的N含量值差异不显著，枣股枣吊叶片中N含量与新梢枣吊叶片中N含量正相关，其相关系数为0.6673；8月4日新梢枣吊叶片中N含量和枣股枣吊叶片中N含量均数t检验的均值差异性检验和配对t检验的均值差异检验的结果都是$P=0.0001$，两个部位的N含量值差异极显著，枣股枣吊叶片中N含量与新梢枣吊叶片中N含量负相关，其相关系数为-0.1145；8月23日新梢枣吊叶片中N含量和枣股枣吊叶片中N含量均数t检验的均值差异性检验和配对t检验的均值差异检验的结果都是$P=0.0001$，两个部位的N含量值差异极显著，枣股枣吊叶片中N含量与新梢枣吊叶片中N含量负相关，其相关系数为-0.1798。枣股枣吊叶片中N含量和新梢枣吊叶片中N含量前期含量弱正相关，相关性相对较高，后期含量弱负相关，相关性低；除个别时期，大部分时间不同部位含量差异性极显著。

表3-20　不同部位不同时期叶片中N含量均值差异检验

日期	N（%）		均数t检验		配对t检验		
	枣股枣吊	新梢枣吊	均值差异检验		均值差异检验		相关系数
			t值	P	t值	P	
5月10日	3.884	3.405	6.3111	0.0001	10.9891	0.0001	0.6713
6月18日	3.3914	3.5243	0.4985	0.6200	0.8171	0.4203	0.6673
8月4日	3.004	3.405	9.7095	0.0001	9.2408	0.0001	-0.1145
8月23日	2.874	3.2725	12.2274	0.0001	11.2643	0.0001	-0.1798

骏枣不同部位、不同时期叶片中P含量均值差异检验。对每个时期28个试验处理制的叶样的P含量进行不同部位的均数t检验和配对t检验，检验结果见表3-21。5月10日新梢枣吊叶片中P含量和枣股枣吊叶片中P含量均数t检验的均值差异性检验和配对t检验的均值差异检验的结果都是$P=0.0001$，两个部位的P含量值差异极显著，枣股枣吊叶片中P含量与新梢枣吊叶片中P含量正相关，其相关系数为0.5801；6月18日新梢枣吊叶片中P含量和枣股枣吊叶片中P含量均数t检验的均值差异性检验和配对t检验的均值差异检验的结果都是$P=0.0001$，两个部位的P含量值差异极显著，枣股枣吊叶片中P含量与新梢枣吊叶片中P含量正相关，其相关系数为0.1875；8月4日新梢枣吊叶片中P含量和枣股枣吊叶片中P含量均数t检验的均值差异性检验和配对t检验的均值差异检验的结果都是$P=0.0001$，两个部位的P含量值差异极显著，枣股枣吊叶片中P含量与新梢枣吊叶片中P含量正相关，其相关系数为0.1278；8月23日新梢枣吊叶片中P含量和枣股枣吊叶片中P含量均数t检验的均值差异性检验和配对t检验的均值差异检验的结果都是$P=0.0001$，两个部位的P含量值差异极显著，枣股枣吊叶片中P含量与新梢枣吊叶片中P含量正相关，其相关系数为0.0889。枣股枣吊叶片中P含量和新梢枣吊叶片中P含

量弱正相关，前期相关性相对较高，后期相关性相对较低；不同部位含量差异性极显著。

表 3-21　不同部位不同时期叶片中 P 含量均值差异检验

日期	P(%)		均数 t 检验		配对 t 检验		相关系数
	枣股枣吊	新梢枣吊	均值差异检验		均值差异检验		
			t 值	P	t 值	P	
5月10日	0.304	0.38	8.7818	0.0001	13.3815	0.0001	0.5801
6月18日	0.1986	0.2443	10.1925	0.0001	11.0358	0.0001	0.1875
8月4日	0.1825	0.2025	5.1342	0.0001	5.4772	0.0001	0.1278
8月23日	0.175	0.215	8.4263	0.0001	8.7960	0.0001	0.0889

　　骏枣不同部位、不同时期叶片中 K 含量均值差异检验。对每个时期 28 个试验处理制的叶样的 K 含量进行不同部位的均数 t 检验和配对 t 检验，检验结果见表 3-22。5月10日枣股枣吊叶片中 K 含量和新梢枣吊叶片中 K 含量均数 t 检验的均值差异性检验和配对 t 检验的均值差异检验的结果都是 $P=0.0001$，两个部位的 K 含量值差异极显著，枣股枣吊叶片中 K 含量与新梢枣吊叶片中 K 含量正相关，其相关系数为 0.1722；6月18日新梢枣吊叶片中 K 含量和枣股枣吊叶片中 K 含量均数 t 检验的均值差异性检验和配对 t 检验的均值差异检验的结果都是 $P>0.05$，两个部位的 K 含量值差异不显著，枣股枣吊叶片中 K 含量与新梢枣吊叶片中 K 含量负相关，其相关系数为 -0.2581；8月4日新梢枣吊叶片中 K 含量和枣股枣吊叶片中 K 含量均数 t 检验的均值差异性检验和配对 t 检验的均值差异检验的结果都是 $0.01<P<0.05$，两个部位的 K 含量值差异显著，枣股枣吊叶片中 K 含量与新梢枣吊叶片中 K 含量正相关，其相关系数为 0.0078；8月23日新梢枣吊叶片中 K 含量和枣股枣吊叶片中 K 含量均数 t 检验的均值差异性检验和配对 t 检验的均值差异检验的结果都是 $P=0.0001$，两个部位的 K 含量值差异极显著，枣股枣吊叶片中 K 含量与新梢枣吊叶片中 K 含量负相关，其相关系数为 -0.0844。枣股枣吊叶片中 K 含量和新梢枣吊叶片中 K 含量弱相关；枣股枣吊叶片中 K 含量和新梢枣吊叶片中 K 含量差异性不确定。

表 3-22　不同部位不同时期叶片中K含量均值差异检验

日期	K（%）		均数 t 检验		配对 t 检验		
	枣股枣吊	新梢枣吊	均值差异检验		均值差异检验		相关系数
			t 值	P	t 值	P	
5月10日	1.692	1.36	12.7132	0.0001	13.9493	0.0001	0.1722
6月18日	2.4529	3.2029	0.8279	0.4110	0.7405	0.4647	-0.2581
8月4日	2.08	1.98	3.1529	0.0029	3.1638	0.0038	0.0078
8月23日	2.225	2.7725	4.8856	0.0001	4.6981	0.0001	-0.0844

3.不同部位大量元素含量差异性分析

新梢枣吊叶片和枣股枣吊叶片中大量元素的含量值（表3-23），新梢枣吊叶片中N的含量只在5月10日时低于枣股枣吊叶片中的含量，新梢枣吊叶片中K的含量只在5月10日和8月4日两个时间点低于枣股枣吊叶片中的含量。新梢枣吊叶片中大量元素年平均值大于枣股枣吊叶片大量元素年平均值。

表3-23　不同时期不同部位叶片中大量元素含量

日期	N（%）		P（%）		K（%）	
	枣股	新梢	枣股	新梢	枣股	新梢
5月10日	3.884	3.405	0.304	0.38	1.692	1.36
5月29日	4.074	4.3	0.255	0.3325	2.1675	2.51
6月18日	3.3914	3.5243	0.1986	0.2443	2.4529	3.2029
7月10日	3.086	3.575	0.17	0.2225	2.9025	3.645
8月4日	3.004	3.405	0.1825	0.2025	2.08	1.98
8月23日	2.874	3.2725	0.175	0.215	2.225	2.7725
9月10日	2.846	3.14	0.2025	0.21	2.1125	2.3375
10月3日	2.148	3.2475	0.15	0.1725	1.815	2.32
平均值	3.163425	3.4836625	0.2047	0.2474125	2.180925	2.5159875

骏枣不同部位叶片中大量元素含量年周期变化方差分析。通过对骏枣不同部位叶片中大量元素含量年周期变化进行方差分析（Duncan检验），结果见表3-24。

叶片中N含量，在5%显著水平上，枣股枣吊叶片中有7个显著水平，新梢枣吊叶片中只有3个显著水平；在1%极显著水平上，枣股枣吊叶片中有5个极显著水平，新梢枣吊叶片中仅有2个极显著水平。叶片中P含量，在5%

显著水平上，枣股枣吊叶片中有6个显著水平，新梢枣吊叶片中只有5个显著水平；在1%极显著水平上，枣股枣吊叶片中有5个极显著水平，新梢枣吊叶片中仅有4个极显著水平。叶片中K含量，在5%显著水平上，枣股枣吊叶片中有4个显著水平，新梢枣吊叶片中只有5个显著水平；在1%极显著水平上，枣股枣吊叶片中有4个极显著水平，新梢枣吊叶片中仅有4个极显著水平。因此新梢枣吊叶片中大量元素含量相对比较稳定。在5%显著水平上，新梢枣吊叶片中N含量在6月18日至8月23日之间差异不显著；新梢枣吊叶片中P含量在7月10日至9月10日之间差异不显著；新梢枣吊叶片中K含量在6月18日至7月10日及9月10日至10月3日之间差异不显著。

　　通过上面的分析得到骏枣大量元素的叶分析营养诊断的最佳时期和部位是：N的诊断的最佳部位和最佳时间是新梢枣吊叶片6月18日至8月23日之间；P的诊断的最佳部位和最佳时间是新梢枣吊叶片7月10日至9月10日之间；K的诊断的最佳部位和最佳时间是新梢枣吊叶片6月18日至7月10日之间和9月10日至10月3日之间两个时间段。新疆和田地区皮墨垦区沙地骏枣大量元素叶分析营养诊断的最佳时期为7月上旬，诊断的最佳部位为新梢枣吊叶片。

表3-24　不同部位叶片中大量元素含量年周期变化方差分析

日期	N				P				K			
	5%显著水平		1%显著水平		5%显著水平		1%显著水平		5%显著水平		1%显著水平	
	枣股	新梢	枣股	新梢	枣股	新梢	枣股	新梢	枣股	新梢	枣股	新梢
5月10日	b	bc	A	B	a	a	A	A	d	e	D	E
5月29日	a	a	A	A	b	b	B	B	bc	bc	BC	CD
6月18日	c	b	B	B	cd	c	CD	C	b	a	B	AB
7月10日	d	b	C	B	ef	cd	DE	C	a	a	A	A
8月4日	de	b	CD	B	cde	de	CDE	CD	bcd	b	BCD	D
8月23日	ef	bc	D	B	def	cd	CDE	CD	b	b	BC	BC
9月10日	f	c	D	B	c	cde	C	CD	bc	cd	BCD	CD
10月3日	g	bc	E	B	f	e	E	D	cd	cd	CD	CD

　　（三）骏枣叶分析营养诊断—临界值法研究

　　Beaufils认为，X±2/3S.D.和X±4/3S.D.（叶营养中各元素含量的平均值为X、标准差为S.D.、变异系数为C.V.）可分别视为养分的平衡范围和养分偏低或偏高的范围。本研究根据Beaufils提出的养分临界值的统计方法，分别于7月上旬和8月上旬两个时间测定新梢枣吊叶片和枣股枣吊叶片中营养元素的含量值，并计算了其平均值、标准差和变异系数，制定骏枣临界值法叶分析营养诊断标准。根据临界值叶分析营养诊断法，将骏枣每个时期枣股枣吊叶片中矿质营养元素含量和新梢枣吊叶片中矿质营养元素含量划分为：重度缺乏、轻度缺乏、适宜、轻度过剩、重度过剩五个标准。

1.骏枣园7月上旬新梢枣吊叶片和枣股枣吊叶片营养诊断标准

7月上旬枣股枣吊叶片中的矿质元素含量中大量元素的标准差较小，P的最小，P的标准差只有0.0094，如表3-25所示。叶片中矿质营养元素的含量的变异系数范围为3.593%～11.814%，N的变异系数最小，标准差也较小，仅为3.593，这个时期枣树枣股枣吊叶片中N的含量离散度比较小，含量差异较小。Fe的标准差值最大为10.77，变异系数也最大，为11.814%，此时期枣树枣股枣吊叶片Fe的含量离散度较大，含量差异较大。

表3-25　骏枣临界值法叶分析营养诊断参比标准（枣股）

参比项	平均值(X)	标准差(S.D.)	变异系数(C.V.)(%)	X-4/3S.D.	X-2/3S.D.	X+2/3S.D.	X+4/3S.D.
N(%)	3.415	0.1227	3.593	3.2514	3.305933	3.5240667	3.5786
P(%)	0.218	0.0094	4.312	0.205467	0.209644	0.2263556	0.2305333
K(%)	2.888	0.108	3.740	2.744	2.792	2.984	3.032
Ca(g/kg)	25.25	2.26	8.950	22.23667	23.24111	27.258889	28.263333
Mg(g/kg)	3.22	0.27	8.385	2.86	2.98	3.46	3.58
Fe(mg/kg)	91.16	10.77	11.814	76.8	81.58667	100.73333	105.52
Mn(mg/kg)	41.57	2.29	5.509	38.51667	39.53444	43.605556	44.623333
Zn(mg/kg)	18.54	2.13	11.489	15.7	16.64667	20.433333	21.38
B(mg/kg)	115.08	5.95	5.170	107.1467	109.7911	120.36889	123.01333

7月上旬枣股枣吊叶片中N的适宜范围为3.3059%～3.5241%，P的适宜范围为0.2096%～0.2264%，K的适宜范围为2.792%～2.984%，Ca的适宜范围为23.241～27.259 g/kg，Mg的适宜范围为2.98～3.46 g/kg，Fe的适宜范围为81.58～100.73 mg/kg，Mn的适宜范围为39.53～43.61 mg/kg，Zn的适宜范围为16.65～20.43 mg/kg，B的适宜范围为109.79～120.37 mg/kg（表3-26）。

表3-26　骏枣临界值法叶分析营养诊断标准（枣股）

矿质元素	重度缺乏	轻度缺乏	适宜	轻度过剩	重度过剩
N(%)	<3.2514	3.2514～3.3059	3.3059～3.5241	3.5241～3.5786	>3.5786
P(%)	<0.2055	0.2055～0.2096	0.2096～0.2264	0.2264～0.2305	>0.2305
K(%)	<2.744	2.744～2.792	2.792～2.984	2.984～3.032	>3.032
Ca(g/kg)	<22.237	22.237～23.241	23.241～27.259	27.259～28.263	>28.263
Mg(g/kg)	<2.86	2.86～2.98	2.98～3.46	3.46～3.58	>3.58
Fe(mg/kg)	<76.8	76.8～81.59	81.58～100.73	100.73～105.52	>105.52
Mn(mg/kg)	<38.52	38.52～39.53	39.53～43.61	43.61～44.62	>44.62
Zn(mg/kg)	<15.7	15.7～16.65	16.65～20.43	20.43～21.38	>21.38
B(mg/kg)	<107.15	107.15～109.79	109.79～120.37	120.37～123.01	>123.01

　　7月上旬新梢枣吊叶片中的矿质元素含量中大量元素的标准差较小，P的最小，为0.016，如表3-27所示。叶片中矿质营养元素的含量的变异系数范围为2.554%～32.470%，大量元素的变异系数较小，只有P的略高于5%，为6.226%；N、K的变异系数都小于5%，K的最低，为2.554%，这个时期枣树新稍枣吊叶片中大量元素的含量离散度比较小，含量差异较小。Fe的标准差值最大，为21.26，变异系数也最大，为32.470%，说明这个时期枣树新梢枣吊叶片Fe的含量离散度较大，含量差异较大。由表3-28可知：7月上旬枣股枣吊叶片中N的适宜范围为3.2027%～3.4838%，P的适宜范围为0.2427%～0.2712%，K的适宜范围为2.601%～2.722%，Ca的适宜范围为12.843～16.096 g/kg，Mg的适宜范围为1.95～2.31 g/kg，Fe的适宜范围为46.5～84.3 mg/kg，Mn的适宜范围为31.01～35.90 mg/kg，Zn的适宜范围为14.92～17.43 mg/kg，B的适宜范围为93.04～106.96 mg/kg。

表3-27　骏枣临界值法叶分析营养诊断参比标准（新梢）

参比项	平均值（X）	标准差（S.D.）	变异系数（C.V.）(%)	X-4/3S.D.	X-2/3S.D.	X+2/3S.D.	X+4/3S.D.
N(%)	3.3433	0.1581	4.729	3.1325	3.202767	3.4838333	3.5541
P(%)	0.257	0.016	6.226	0.235667	0.242778	0.2712222	0.2783333
K(%)	2.662	0.068	2.554	2.571333	2.601556	2.7224444	2.7526667
Ca(g/kg)	14.47	1.83	12.647	12.03	12.84333	16.096667	16.91

续表

参比项	平均值 （X）	标准差 （S.D.）	变异系数 （C.V.）（%）	X－4/3S.D.	X－2/3S.D.	X+2/3S.D.	X+4/3S.D.
Mg（g/kg）	2.135	0.208	9.742	1.857667	1.950111	2.3198889	2.4123333
Fe（mg/kg）	65.475	21.26	32.470	37.12833	46.57722	84.372778	93.821667
Mn（mg/kg）	33.46	2.75	8.219	29.79333	31.01556	35.904444	37.126667
Zn（mg/kg）	16.18	1.41	8.714	14.3	14.92667	17.433333	18.06
B（mg/kg）	100	7.83	7.830	89.56	93.04	106.96	110.44

表3-28　骏枣临界值法叶分析营养诊断标准（新梢）

矿质元素	重度缺乏	轻度缺乏	适宜	轻度过剩	重度过剩
N（%）	<3.1325	3.1325～3.2027	3.2027～3.4838	3.4838～3.5541	>3.5541
P（%）	<0.2356	0.2356～0.2427	0.2427～0.2712	0.2712～0.2783	>0.2783
K（%）	<2.571	2.571～2.601	2.601～2.722	2.722～2.752	>2.752
Ca（g/kg）	<12.03	12.03～12.843	12.843～16.096	16.096～16.91	>16.91
Mg（g/kg）	<1.85	1.85～1.95	1.95～2.31	2.31～2.41	>2.41
Fe（mg/kg）	<37.1	37.1～46.5	46.5～84.3	84.3～93.8	>93.8
Mn（mg/kg）	<29.79	29.79～31.01	31.01～35.90	35.90～37.12	>37.12
Zn（mg/kg）	<14.3	14.3～14.92	14.92～17.43	17.43～18.06	>18.06
B（mg/kg）	<89.56	89.56～93.04	93.04～106.96	106.96～110.44	>110.44

2.骏枣园8月上旬枣股枣吊叶片营养诊断标准

8月上旬骏枣园枣股枣吊叶片中的矿质营养元素含量的标准差，大量元素之间相比较，P的最小，为0.0209；中量元素之间相比较，Mg的最小，为0.255；微量元素之间相比较，Zn的最小，为3.709。这说明大量元素中P的变化范围最小，中量元素中Mg的变化范围最小，微量元素中Zn的变化范围最小。叶片中矿质营养元素的含量的变异系数范围为4.278%～22.175%，其中N的变异系数最小，即叶片中N含量离散度较小，叶片中变化范围较窄，这个时期K、B的变异系数都超过了20%，说明K、B的离散度高，不同枣园的含量值差异大。大部分的矿质营养元素的含量的变异系数都在10%以上，此时期大部分矿质营养元素含量变化范围比较大，不同枣园的枣股枣吊叶片中含量值差异比较明显，有利于根据枣股枣吊叶片矿质营养元素含量来确定枣树营养的丰缺指标（表3-29）。

表3-29　骏枣临界值法叶分析营养诊断参比标准

参比项	平均值 (X)	标准差 (S.D.)	变异系数 (C.V.)(%)	X-4/3S.D.	X-2/3S.D.	X+2/3S.D.	X+4/3S.D.
N(%)	3.179	0.136	4.278	2.998	3.088	3.270	3.360
P(%)	0.2129	0.0209	9.8168	0.1850	0.1990	0.2268	0.2408
K(%)	2.354	0.522	22.175	1.658	2.006	2.702	3.050
Ca(g/kg)	30.911	3.207	10.375	26.635	28.773	33.049	35.187
Mg(g/kg)	2.871	0.255	8.882	2.531	2.701	3.041	3.211
Fe(mg/kg)	138.643	13.612	9.818	120.494	129.568	147.718	156.792
Mn(mg/kg)	105.404	16.455	15.611	83.464	94.434	116.374	127.344
Zn(mg/kg)	32.604	3.709	11.376	27.659	30.131	35.077	37.549
B(mg/kg)	75.643	15.383	20.336	55.132	65.388	85.898	96.154

8月上旬枣股枣吊叶片中N的适宜范围为3.088%～3.270%，P的适宜范围为0.1990%～0.2268%，K的适宜范围为2.601%～2.722%，Ca的适宜范围为28.773～33.049 g/kg，Mg的适宜范围为2.701～3.041 g/kg，Fe的适宜范围为129.568～147.718 mg/kg，Mn的适宜范围为94.434～116.374 mg/kg，Zn的适宜范围为30.131～35.077 mg/kg，B的适宜范围为65.388～85.898 mg/kg（表3-30）。

表3-30　骏枣临界值法叶分析营养诊断标准

矿质元素	重度缺乏	轻度缺乏	适宜	轻度过剩	重度过剩
N(%)	<2.998	2.998～3.088	3.088～3.270	3.270～3.360	>3.360
P(%)	<0.1850	0.1850～0.1990	0.1990～0.2268	0.2268～0.2408	>0.2408
K(%)	<1.658	1.658～2.006	2.006～2.702	2.702～3.050	>3.050
Ca(g/kg)	<26.635	26.635～28.773	28.773～33.049	33.049～35.187	>35.187
Mg(g/kg)	<2.531	2.531～2.701	2.701～3.041	3.041～3.211	>3.211
Fe(mg/kg)	<120.494	120.494～129.568	129.568～147.718	147.718～156.792	>156.792
Mn(mg/kg)	<83.464	83.464～94.434	94.434～116.374	116.374～127.344	>127.344
Zn(mg/kg)	<27.659	27.659～30.131	30.131～35.077	35.077～37.549	>37.549
B(mg/kg)	<55.132	55.132～65.388	65.388～85.898	85.898～96.154	>96.154

（四）皮墨垦区224团骏枣叶分析DRIS指数法诊断的技术体系

1.筛选出骏枣叶分析DRIS营养诊断的参比项

根据骏枣枣股枣吊叶片和新梢枣吊叶片的测定结果，从三组表达式$C_{N/P}$、$C_{P/N}$、$C_{N\cdot P}$，$C_{N/K}$、$C_{K/N}$、$C_{N\cdot K}$和$C_{P/K}$、$C_{K/P}$、$C_{P\cdot K}$中，筛选出差异显著者或者最高者的三个表达式，作为DRIS法叶分析营养诊断的参比项。骏枣枣股枣吊叶片叶分析DRIS法营养诊断参比项为$C_{N/K}$、$C_{P/N}$、$C_{P\cdot K}$；新梢枣吊叶片叶分析DRIS法营养诊断参比项为$C_{P/N}$、$C_{K/N}$、$C_{K/P}$。利用参比项的平均值、标准差和变异系数进行诊断体系的建立和诊断图的绘制；参比项及相关参数见表3-31和表3-32。

表 3-31　枣股枣吊叶分析DRIS指数法参比标准

参比项	平均值（X）	标准差（S.D.）	变异系数（C.V.）（%）	X-4/3S.D.	X-2/3S.D.	X+2/3S.D.	X+4/3S.D.
$C_{N/K}$	1.1886	0.0553	4.652532	1.1149	1.1517	1.2255	1.2623
$C_{P/N}$	0.064	0.0033	5.15625	0.0596	0.0618	0.0662	0.0684
$C_{P\cdot K}$	0.621	0.0275	4.428341	0.5843	0.6027	0.639333333	0.6577

表3-32　新梢枣吊叶片叶分析DRIS法营养诊断参比标准

参比项	平均值（X）	标准差（S.D.）	变异系数（C.V.）（%）	X-4/3S.D.	X-2/3S.D.	X+2/3S.D.	X+4/3S.D.
$C_{P/N}$	0.0788	0.0093	11.80203	0.0664	0.0726	0.085	0.0912
$C_{K/N}$	0.7937	0.028	3.527781	0.756366667	0.7750333	0.8123667	0.8310333
$C_{K/P}$	10.1772	1.1024	10.83206	8.707333333	9.4422667	10.912133	11.647067

2.DRIS诊断图的绘制

骏枣枣股枣吊叶片叶分析DRIS法营养诊断图解参数（见表3-31，图3-56），分别为：$C_{N/K}$、$C_{P/N}$、$C_{P\cdot K}$；骏枣新梢枣吊叶片叶分析DRIS法营养诊断图解参数（表3-32，图3-57），分别为：$C_{P/N}$、$C_{K/N}$、$C_{K/P}$。诊断是由两个同心圆和3个通过圆心的坐标所组成的。圆心为使枣树生长良好各参数的最佳值，亦即最佳养分比例。内圆及外圆的半径分别为标准差（S.D）的2/3倍、4/3倍，是经Beaufils长期研究而确定的。内圆视为养分平衡区，用平行的箭号表示。由此确定的骏枣枣股枣吊叶片中3元素浓度最佳比值范围为：$C_{N/K}=$

1.1886±0.0369；$C_{P/N}$=0.064±0.0022；$C_{P \cdot K}$=0.621±0.0183；骏枣新梢枣吊叶片中3元素浓度最佳比值范围为：$C_{P/N}$=0.0788±0.0062；$C_{K/N}$=0.7937±0.0187；$C_{K/P}$=10.1772±0.7349。当坐标由圆心向外伸展时，元素间的不平衡程度增大。内圆与外圆之间的区域为稍不平衡区，表示养分的偏高或偏低，用45°的箭号表示（向上为偏高，向下为偏低）。外圆之外则为养分显著不平衡区，表示养分的过剩或缺乏，分别用向上或向下的箭号表示。图解结果给出了3种元素限制产量的相对大小，或需要加入的相对次序，不能简单地认为某一种元素过量或缺乏，而应理解为养分元素丰缺的相对位次。

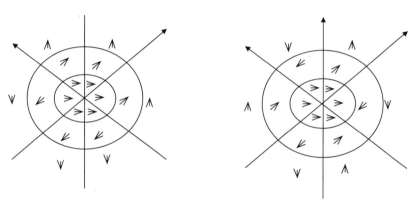

图3-56　枣股枣吊叶片叶分析DRIS诊断图　　图3-57　新梢枣吊叶片叶分析DRIS诊断图

3.DRIS诊断指数的计算公式

偏离函数计算公式为：X/Y或 X×Y 表示两种养分的实测值，x/y 或 $x×y$ 表示两种养分的最适值。

$f(X/Y) = 100 × [(X/Y)/(x/y) - 1] × 10/\text{c.v.}$（当$X/Y>x/y$时）

$f(X/Y) = 100 × [1 - (x/y)/(X/Y)] × 10/\text{c.v.}$（当$X/Y<x/y$时）

$f(X×Y) = 100 × [(X×Y)/(x×y) - 1] × 10/\text{c.v.}$（当$X×Y>x×y$时）

$f(X×Y) = 100 × [1 - (x/y)/(X/Y)] × 10/\text{c.v.}$（当$X×Y<x×y$时）

式中c.v.为DRIS标准x/y或$x×y$的变异系数。

单一营养元素的营养诊断指数计算公式，骏枣枣股枣吊叶片中N、P、K等3种元素的DRIS指数的计算公式如下：

N指数=1/2×$[f(C_{N/K}) - f(C_{P/N})]$

P指数=1/2×$[f(C_{P/N}) + f(C_{P×K})]$

K指数=1/2×$[-f(C_{N/K}) + f(C_{P×K})]$

骏枣新梢枣吊叶片中N、P、K等3种元素的DRIS指数的计算公式如下：

N指数$=1/2\times\left[-f\left(C_{K/N}\right)-f\left(C_{P/N}\right)\right]$

P指数$=1/2\times\left[f\left(C_{P/N}\right)-f\left(C_{K/P}\right)\right]$

K指数$=1/2\times\left[f\left(C_{K/N}\right)+f\left(C_{K/P}\right)\right]$

综合诊断指数：NII=｜N指数｜+｜P指数｜+｜K指数｜

（五）叶营养分析诊断法在配方施肥中的应用

配方施肥方案的建立是以骏枣亩[①]产700 kg为目标，按照"二次旋转回归"配方施肥方案进行追肥，氮肥选用尿素（N含量46%），磷肥选用磷酸一铵（P_2O_5含量64%），钾肥选用硫酸钾（K_2O含量50%）。坐果前施入氮肥70%，磷肥50%，钾肥20%，剩余在红枣坐果阶段追施，施肥方式为随水滴施。

1.6年生枣树配方施肥指数法诊断结果

根据"二次旋转回归"配方施肥方案不同处理7月上旬6年生枣树（当年不放新枝）枣股枣吊叶片的叶营养测定结果，计算出每个处理参比项$C_{N/K}$、$C_{P/N}$、$C_{P \cdot K}$的值。根据DRIS法养分偏离函数计算公式和参比标准计算出$f\left(C_{N/K}\right)$、$f\left(C_{P/N}\right)$、$f\left(C_{P \cdot K}\right)$的函数值，根据制定的枣股枣吊叶片指数法营养诊断的计算公式计算出N指数、P指数、K指数和NII（综合诊断指数），诊断结果见表3-33。对于各个处理6年生枣树（当年不放新枝），NII（综合诊断指数）小于20的有处理1、2、3、4、6、9、10、11、12，其中处理3的NII（综合诊断指数）最小，为10.04。产量高于650 kg的有处理3、4、6、11，其中产量最高的为处理3，产量达696 kg。说明在试验地条件下，处理3、4、6、11的肥料配方都可以实现高产，而且植株叶片中N、P、K含量相对平衡，但是每个处理表现出不同的需肥顺序。其中处理3的肥料配比在各个处理中最好，需肥顺序是P、K、N，按照需肥顺序适当调整肥料配方可以得到更加的效果。

2.4年生枣树配方施肥指数法诊断结果

根据"二次旋转回归"配方施肥方案不同处理7月上旬4年生枣树（每棵树保留6个当年新生枝）新梢枣吊叶片的叶营养测定结果，计算出每个处理参比项$C_{P/N}$、$C_{K/N}$、$C_{K/P}$的值。根据DRIS法养分偏离函数计算公式和参比标准计算出$f\left(C_{P/N}\right)$、$f\left(C_{K/N}\right)$、$f\left(C_{K/P}\right)$的函数值，根据制定的新梢枣吊叶片指数法营养诊断的计算公式计算出N指数、P指数、K指数和NII（综合诊断指数），诊断结果见表3-34。对于各个处理4年生枣树（每棵树保留6个当年新生枝）新梢枣吊叶片中的N、P、K指数较小，NII（综合诊断指数）小于

①1亩=667 m^2。因本研究是以亩为单位进行的，因此书中多用亩为计量单位。

20的有处理2、3、5、6、9、10、11，其中处理11的NII最小，为9.73。产量高于650 kg的有处理2、4、6、9、11，其中产量最高的为处理9，产量达695 kg。说明在试验地保留新生枝结果的骏枣，施肥处理6、9、11可以实现高产，而且植株叶片中N、P、K含量相对平衡。其中处理11肥料配比在各个处理中最好，需肥顺序是P、K、N。

根据7月上旬采用临界值法和DRIS图解法与指数法叶营养诊断结果可知，6年生骏枣枣树（当年不放新枝）配方施肥最佳处理为处理3，亩施氮肥35 kg，磷肥5 kg，钾肥20 kg。4年生枣树（每棵树保留6个当年新生枝）配方施肥最佳处理为处理9，亩施氮肥47 kg，磷肥11 kg，钾肥17 kg。

表3-33 6年生骏枣枣股枣吊叶片参比项值及指数法诊断结果

处理	施肥量(kg/亩)			养分偏离函数值			诊断指数				需肥次序	产量(kg/亩)
	N肥	P肥	K肥	$f(C_{N/K})$	$f(C_{P/N})$	$f(C_{P\cdot K})$	N指数	P指数	K指数	NII		
1	35	17	20	10.30	-3.53	-1.02	6.91	-2.27	-5.66	14.85	K>P>N	513
2	35	17	14	6.29	8.08	10.04	-0.89	9.06	1.87	11.82	N>K>P	559
3	35	5	20	-2.03	-9.97	-2.09	3.97	-6.03	-0.03	10.04	P>K>N	696
4	35	5	14	7.57	16.63	-0.84	-4.53	7.89	-4.21	16.63	N>K>P	674
5	11	17	20	13.78	-10.86	3.78	12.32	-3.54	-5.00	20.86	K>P>N	638
6	11	17	14	5.37	7.50	11.71	-1.06	9.60	3.17	13.83	N>K>P	666
7	11	5	20	16.20	-10.86	1.38	13.53	-4.74	-7.41	25.68	K>P>N	600
8	11	5	14	-13.81	11.19	6.98	-12.50	9.09	10.40	31.98	N>P>K	609
9	47	11	17	-15.81	-7.61	9.38	-4.10	12.69	12.60	17.59	N>P>K	639
10	0	11	17	2.06	-8.20	-8.49	5.13	-8.35	-5.28	18.75	P>K>N	517
11	23	23	17	-17.86	-15.83	-1.83	-1.02	-8.83	8.01	17.86	P>N>K	663
12	23	0	17	-1.90	2.47	-17.01	-2.18	-7.27	-7.55	17.01	K>N>P	475
13	23	11	17	6.87	-7.61	-14.39	7.24	-11.00	-10.63	28.87	P>K>N	649
14	23	11	0	4.60	-0.52	-20.59	2.56	-10.56	-12.60	25.71	K>P>N	524
15	23	11	17	-8.04	3.30	10.18	-5.67	6.74	9.11	21.52	N>P>K	682

表3-34　4年生骏枣新梢吊叶片参比项值及指数法诊断结果

处理	施肥量 (kg/亩)			养分偏离函数值			诊断指数				需肥次序	产量 (kg/亩)
	N肥	P肥	K肥	$f(C_{P/N})$	$f(C_{K/N})$	$f(C_{K/P})$	N指数	P指数	K指数	NII		
1	35	17	20	−1.82015	−32.7805	−9.55975	17.30	3.87	−21.17	42.34	K>P>N	414
2	35	17	14	−7.35325	−8.57585	4.062045	7.96	−5.71	−2.26	15.93	P>K>N	659
3	35	5	20	0.337553	10.38743	2.021044	−5.36	−0.84	6.20	12.41	N>P>K	590
4	35	5	14	−7.29278	16.22026	12.59086	−4.46	−9.94	14.41	28.81	P>N>K	675
5	11	17	20	−7.67597	2.456441	8.189402	2.61	−7.93	5.32	15.87	P>N>K	640
6	11	17	14	1.555821	13.05247	1.5326	−7.30	0.01	7.29	14.61	N>P>K	666
7	11	5	20	−6.43305	−20.2235	−0.56416	13.33	−2.93	−10.39	26.66	K>P>N	598
8	11	5	14	11.459	12.06287	−9.25381	−11.76	10.36	1.40	23.52	N>K>P	518
9	47	11	17	−2.80931	−9.34786	−0.94504	6.08	−0.93	−5.15	12.16	K>P>N	695
10	0	11	17	−7.35325	4.62376	8.597602	1.36	−7.98	6.61	15.95	P>N>K	623
11	23	23	17	−5.40585	−1.62578	4.323712	3.52	−4.86	1.35	9.73	P>K>N	663
12	23	0	17	0.438625	27.70969	7.463713	−14.07	−3.51	17.59	35.17	N>P>K	473
13	23	11	17	27.61034	0.117804	−31.3057	−13.86	29.46	−15.59	58.92	K>N>P	650
14	23	11	0	3.512763	−12.6168	−9.15224	4.55	6.33	−10.88	21.77	K>N>P	609
15	23	11	17	4.052481	19.06957	0.744369	−11.56	1.65	9.91	23.12	N>P>K	521

五、滴灌骏枣优化配方施肥技术研究

(一)配方施肥处理对骏枣枣吊与果实生长量的动态变化影响

1.不同施肥处理对枣吊重量、长度及每个枣吊叶片数的动态变化影响

不同施肥处理对骏枣枣吊重和枣吊长度的影响不同,如表3-35、3-36所示。但都表现为逐渐增加的变化趋势。在5月9日到5月28日,枣吊长度增加迅速,但可能由于干物质积累较少,枣吊重增加缓慢。之后,枣吊长度增加缓慢,但此时开始,由于干物质积累较多,枣吊重增加迅速。

表3-35　不同施肥处理的枣吊重（g）

	5月9日	5月28日	6月27日	7月10日	7月31日
F1	2.06	2.60	3.29	4.38	6.88
F2	2.90	2.43	4.35	5.07	7.40
F3	2.36	2.07	4.10	4.82	7.43
F4	2.30	2.13	5.08	4.62	6.53
F5	2.04	2.44	4.48	4.99	7.11
F6	1.87	2.37	4.92	5.57	7.24
F7	1.91	2.32	4.70	5.98	9.10
F8	2.01	2.74	4.20	5.53	7.49
F9	2.37	2.72	5.67	6.75	9.12
F10	1.87	2.27	4.00	5.37	7.42
F11	2.03	2.90	4.33	5.73	8.04
F12	1.90	2.73	3.88	5.84	7.56
F13	2.02	2.50	4.16	5.75	7.27
F14	2.10	2.73	3.78	6.02	7.02
F15	2.08	2.61	4.97	5.57	6.32

表3-36　不同施肥处理的枣吊长（cm）

	5月9日	5月28日	6月11日	6月27日	7月31日
F1	12.56	21.11	23.17	24.60	26.13
F2	11.01	21.22	25.20	26.17	30.00
F3	10.81	19.58	23.49	24.50	27.03
F4	11.02	19.47	20.73	21.02	30.00
F5	10.55	20.37	25.16	29.33	30.37
F6	11.28	21.28	24.38	27.89	28.67
F7	10.67	25.37	24.37	26.43	31.95
F8	10.95	21.10	23.51	25.81	32.47
F9	12.22	21.18	26.49	26.48	29.33
F10	11.70	20.07	22.90	23.05	27.21
F11	12.55	22.98	25.87	30.40	34.17
F12	11.17	22.70	24.55	28.35	30.10
F13	10.57	22.07	27.96	30.42	34.67
F14	10.62	20.02	22.86	24.43	31.00
F15	11.07	21.27	24.41	28.15	30.59

不同施肥处理下枣树每个枣吊上的叶片数量变化趋势一致，且与枣吊长度变化情况趋于一致，如表3-37所示。出现两次迅速增加的时期，第一次出现在5月9日到6月11日，第二次出现在7月10日到7月31日之间。

表3-37 不同施肥处理下每个枣吊叶片数（个）

	5月9日	5月28日	6月11日	6月27日	7月10日	7月31日
F1	8	11	12	12	12	14
F2	7	11	13	13	13	16
F3	7	11	13	13	14	15
F4	7	11	12	11	11	13
F5	6	10	12	14	13	16
F6	5	11	13	14	13	16
F7	5	10	13	13	15	17
F8	6	11	13	13	13	16
F9	7	11	14	13	14	15
F10	8	11	13	12	11	15
F11	7	11	13	15	14	17
F12	7	11	13	14	13	16
F13	7	12	15	15	14	18
F14	7	11	13	13	13	16
F15	7	11	14	12	11	16

2.不同施肥处理对果实纵横径的动态变化影响

对骏枣果实生长发育过程中纵横径的测定结果如表3-38、3-39所示，在果实生长的各个时期，不同施肥处理对骏枣果实的纵径影响不同。随着时间的推移，从7月21日开始，果实纵径开始缓慢增加，在8月9日到9月6日期间增加迅速，到9月6日，各处理果实纵径达到最大值，之后缓慢下降。果实横径变化趋势与纵径一致，即随着时间的变化，果实纵、横径同时增加或减小。

表3-38 不同施肥处理果实纵径的变化（mm）

	7月21日	8月9日	8月25日	9月6日	9月21日	10月6日
F1	43.54	43.21	48.50	49.41	49.43	48.71
F2	37.56	35.73	39.51	41.57	41.07	41.26
F3	44.57	46.48	48.12	49.21	49.41	48.78
F4	40.36	39.19	49.50	45.94	45.00	43.98

续表

	7月21日	8月9日	8月25日	9月6日	9月21日	10月6日
F5	45.57	44.78	54.68	50.98	50.15	48.63
F6	45.22	43.91	53.60	49.33	50.29	47.59
F7	40.79	44.67	55.17	51.10	51.33	50.22
F8	39.15	43.35	51.79	49.61	49.29	48.69
F9	47.16	40.84	45.65	46.59	46.29	45.69
F10	36.88	40.58	45.54	47.07	46.54	44.97
F11	39.55	43.03	47.00	48.38	47.92	47.15
F12	35.82	40.05	44.61	45.74	44.68	44.18
F13	38.90	42.63	47.03	48.63	48.29	46.81
F14	38.94	43.30	47.96	49.34	49.52	47.40
F15	38.19	41.95	46.53	48.17	47.42	46.72

表3-39　不同施肥处理果实横径的变化（mm）

	7月21日	8月9日	8月25日	9月6日	9月21日	10月6日
F1	25.34	26.00	30.85	32.69	31.80	30.26
F2	22.51	23.42	27.15	28.79	28.45	28.12
F3	25.32	26.40	31.22	32.60	32.67	31.78
F4	22.90	24.10	33.92	30.09	29.30	27.88
F5	24.48	26.06	35.37	31.21	30.79	29.81
F6	24.90	26.57	35.32	30.95	30.82	29.33
F7	21.75	25.26	36.57	32.08	32.00	30.72
F8	21.51	25.36	30.90	31.54	31.12	30.43
F9	21.73	25.30	30.21	31.51	31.05	29.19
F10	20.70	24.87	29.56	30.91	30.46	28.06
F11	21.61	24.87	29.82	31.70	31.46	29.42
F12	21.00	24.85	29.67	30.98	29.89	28.96
F13	21.17	24.89	29.78	31.73	30.53	30.03
F14	21.01	25.06	30.10	31.68	31.16	31.04
F15	20.66	25.45	30.18	31.79	31.03	29.90

3.不同施肥处理对果实单果重的动态变化影响

不同施肥处理骏枣果实单果重与果实纵横径的变化趋势一致，表现为先增加，后降低的趋势（表3-40）。从7月24日开始逐渐增加，在9月14日达到最大值，之后随着枣果逐渐成熟，单果重开始缓慢下降。在10月25日红枣已成半干枣，此时的平均单果重为最大值时的59.4%～78.5%。

表3-40　不同施肥处理果实单果重变化（g）

	7月24日	8月16日	9月14日	10月25日
F1	5.85	12.08	17.14	12.24
F2	5.16	12.14	16.84	12.18
F3	3.87	12.83	17.89	13.89
F4	4.86	15.57	18.95	11.99
F5	5.79	13.38	17.06	12.93
F6	3.38	15.05	18.41	11.82
F7	4.86	15.24	18.14	13.01
F8	3.61	13.85	17.22	12.50
F9	5.50	13.95	16.55	11.13
F10	4.04	14.02	15.71	11.36
F11	4.72	14.81	18.18	11.93
F12	4.14	13.36	18.98	11.36
F13	3.96	11.27	17.74	11.76
F14	5.03	12.11	19.14	12.47
F15	6.47	12.01	18.43	13.28

（二）配方施肥处理对骏枣果实品质及产量影响

1.配方施肥处理对骏枣果实单果质量、果形指数及产量的影响

不同氮磷钾施肥配比对骏枣果实单果质量、果形指数及产量均产生影响，如表3-41所示，增施肥料均能增加红枣的产量，即施肥各处理与对照产量差异显著。F10、12产量较低，说明氮、磷含量缺乏对红枣产量影响较大。F3的产量最高，其产量比F12增加了46.4%，二者之间差异显著。这说明红枣产量的提高不仅与肥料供给有关，还与肥料的种类及配比有关。F3的果实平均单果重为13.89 g，为各处理最大值，且与其他各处理差异显著，但果形指数相对较小。施肥处理对红枣果形指数的影响不明显，果形指数最大出现

在钾肥较丰富的处理5和处理7，均为1.63。

表3-41 配方施肥对红枣产量的影响

处理	产量(kg/亩)	平均单果重(g)	果形指数
F1	512.5 g	12.24 e	1.61 a
F2	558.9 f	12.18 e	1.47 b
F3	695.6 a	13.89 a	1.54 ab
F4	674.3 c	11.99 ef	1.58 a
F5	638.0 d	12.93 c	1.63 a
F6	665.5 c	11.82 f	1.62 a
F7	599.5 e	13.01 c	1.63 a
F8	609.4 e	12.50 d	1.60 a
F9	639.2 d	11.13 h	1.57 ab
F10	517.0 g	11.36 g	1.60 a
F11	663.3 c	11.93 ef	1.60 a
F12	475.2 h	11.36 g	1.53 ab
F13	649.0 cd	11.76 f	1.56 ab
F14	523.6 g	12.47 d	1.53 ab
F15	681.6 b	13.28 b	1.56 b

注：同列数值不同字母表示差异达5%显著水平（$P<0.05$）。下表同。

2.配方施肥处理对红枣果实商品率和内在品质的影响

评价果实外观品质的一个主要指标是商品果率（二级以上）。由表3-42红枣二级以上商品果率的比较可知，F3的商品果率达到75.3%，明显高于其他各处理。F4和F14磷钾肥施用量相对缺乏，果实商品果率相对较低。F5—F10处理果实商品果率相差不明显。这说明在磷钾肥适中的情况下，氮肥量的多少对果实商品率影响较小。

单果质量和果形指数是衡量红枣果实外观品质的主要标准，可溶性糖、维生素C含量是衡量红枣果实营养品质的重要指标，其含量高低决定着红枣果实的营养价值和口感，进而影响红枣的商品价值。相对其他各处理，F3的可溶性糖含量最大，为86.6%，该处理氮磷钾含量相对较丰富，说明氮磷钾对果实含糖量有一定的影响。含糖量最小值为71.4%，出现在氮含量丰富，磷、钾肥相对较少的F4。不同施肥处理的红枣果实中的VC含量较高，在

13.1~24.2 mg/kg。处理1钾肥含量高，果实中的VC含量最大，F6和F4钾肥含量低或缺失，果实中的VC含量相对较小。这说明土壤中增施钾肥有利于增加红枣枣果实中维生素C含量。

表3-42　配方施肥对红枣品质的影响

处理	可溶性糖（%）	维生素C(mg/kg)	商品果率(%)
F1	79.9 bc	24.2 a	66.13
F2	79.1 bc	20.9 b	67.11
F3	86.6 a	20.7 b	75.37
F4	71.4 d	12.2 e	73.25
F5	76.6 c	19.5 bc	69.31
F6	75.3 c	13.1 d	70.58
F7	75.5 c	17.6 c	72.84
F8	84.3 ab	14.1 d	71.91
F9	76.9 c	21.5 b	76.27
F10	85.1 a	17.1 c	72.44
F11	82.1 b	21.6 b	69.82
F12	82.6 b	19.5 bc	70.37
F13	85.9 a	18.9 bc	67.46
F14	67.6 e	13.5 d	71.84
F15	73.6 cd	16.6 cd	61.76

（三）应用隶属函数法对不同施肥处理的综合评价

经过试验测定，将果实形态特征、内在营养成分、果实商品率以及产量等指标，应用隶属函数法（公式四）对15个施肥处理进行综合评价，如表3-43所示。经综合评价，效果最好的施肥处理为F3，其次为F9和F7。

表3-43　不同施肥处理隶属度的综合评价表

处理	产量（kg/hm²）	果实纵径（mm）	果实横径（mm）	单果重（g）	可溶性糖（%）	VC（mg/100 g）	一级果（%）	二级果（%）	综合评价	位次
F1	7695	48.71	30.26	12.24	79.9	24.2	22.40	43.73	4.65	4
F2	8385	41.26	28.12	12.18	79	20.9	26.04	41.07	3.07	15
F3	10440	48.78	31.78	13.89	86.62	20.7	34.51	40.86	6.98	1
F4	10110	43.98	27.88	11.99	85.88	19.5	34.26	38.99	4.30	6

续表

处理	产量 (kg/hm²)	果实纵径 (mm)	果实横径 (mm)	单果重 (g)	可溶性糖(%)	VC (mg/100 g)	一级果 (%)	二级果 (%)	综合评价	位次
F5	9570	48.63	29.81	12.93	76.59	12.2	30.00	39.31	3.66	11
F6	9990	47.59	29.33	11.82	75.26	17.6	31.90	38.68	4.08	7
F7	9000	50.22	30.72	13.01	75.49	13.1	32.29	40.55	4.73	3
F8	9135	48.69	30.43	12.50	84.27	14.1	36.60	35.32	4.57	5
F9	9585	45.69	29.19	11.13	86.98	21.5	37.97	38.29	4.74	2
F10	7755	44.97	28.06	11.36	85.12	17.1	35.34	37.10	3.13	14
F11	9945	47.15	29.42	11.93	82.63	19.5	34.99	34.83	3.85	9
F12	7125	44.18	28.96	11.36	82.13	21.6	32.87	37.50	3.19	13
F13	9735	46.81	30.03	11.76	74	18.9	30.85	36.61	3.82	10
F14	7860	47.40	31.04	12.47	67.61	13.5	31.77	40.07	3.50	12
F15	10230	46.72	29.90	13.28	73.6	16.6	23.11	38.66	4.00	8

（四）优化配方施肥处理优质增产机理分析

1.优化配方施肥对骏枣叶片主要光合参数的影响

在骏枣生长发育的不同时期测得各光合参数分析得出（表3-44），净光合速率（Pn）在坐果期表现为最大值，在果实成熟期表现为最低，差异显著。在坐果期和红枣果实膨大期测得叶片净光合速率和气孔导度较大，胞间二氧化碳浓度较高，因此，在红枣坐果期和果实膨大期应加强树体营养管理，注重肥料的投入，提高树体光合作用，增强"源"动力，增加"库"强。

表3-44　不同生长时期骏枣叶片主要光合参数的变化

处理	开花期	坐果期	果实膨大期	成熟期
光合速率 (μmol/m²·s)	17.374±0.251 abA	19.955±0.335 aA	18.809±0.877abA	15.569±0.475 bA
胞间二氧化碳 (μmol/mol)	132.132±12.387 aA	152.332±11.466 aA	126.066±11.116 aA	123.046±12.216 aA
蒸腾速率 (mmol/m²·s)	7.463±0.171 bB	8.226±0.626 aA	8.986±0.506 aA	8.832±0.397 aA
水分利用率 (μmol/mmol)	4.113±0.160 aA	3.371±0.262 bA	3.268±0.112 cB	2.950±0.031 dC
气孔导度 (μmol/m²·s)	132.4±3.040 bB	146.8±5.320 aA	97.5±2.066 cC	87.2±2.121 dD

2.骏枣光合参数之间的相关性分析

对骏枣叶片光合速率（Pn）和光合参数及环境因子日均值之间的相关性分析表明（表3-45），光合速率（Pn）与蒸腾速率、光合有效辐射值、气孔导度和水分利用效率之间存在显著相关性，相关系数分别为$R^2=0.6318**$、$R^2=0.4946*$、$R^2=0.4616*$和$R^2=0.5394**$。Pn与叶面温度、大气相对湿度、细胞间CO_2摩尔浓度之间存在相关性，但不显著。

本试验通过对骏枣净光合速率与各生理生态因子之间的相关性进行回归分析，由表3-45可看出，枣树源叶净光合速率与气孔导度、光合有效辐射值和水分利用效率呈直线正相关，与蒸腾速率达到极显著相关。本研究发现，影响枣树叶片Pn日变化的主要生态因子是光合有效辐射和水分利用效率，主要生理因子是气孔导度和蒸腾速率。光合作用中各种光合参数随着光合功能的变化发生相应的变化。

表3-45　骏枣叶片光合速率（Pn）和光合参数及环境因子日均值之间的相关性

光合参数	光合速率(Pn)	
	回归方程	相关系数
蒸腾速率	$Y=2.2597x+4.8431$	$R^2=0.6318^{**}$
有效光辐射	$Y=0.0066x+7.368$	$R^2=0.4946^{*}$
叶面温度	$Y=0.1543x+7.7282$	$R^2=0.0521$
细胞间CO_2摩尔浓度	$Y=-0.028x+20.55$	$R^2=0.2552$
气孔导度	$Y=0.0713x+4.559$	$R^2=0.4616^{*}$
大气相对湿度	$Y=-0.1187x+16.556$	$R^2=0.0.0972$
水分利用效率	$Y=1.61x+4.2672$	$R^2=0.5394^{**}$

注：**表示相关性达0.01显著。

3.氮、磷、钾配方施肥与产量的数学模型建立

肥料和产量效应模型采用多元回归方程，即以不同的肥料为自变量，以产量为因变量建立肥料与产量回归模型，并通过计算机模拟，提出不同产量水平下各因素的最佳组合。本试验分别将骏枣果实产量（Y）与施氮量（X_1）、施磷量（X_2）、施钾量（X_3）进行二次多项式逐步回归分析，得出骏枣产量与施肥量的关系式：

$$Y = 58.156 + 14.42X_1 + 42.075X_2 + 24.305X_3 - 0.146X_1^2 - 0.642X_2^2 - 0.617X_3^2 - 0.586X_1X_2 + 0.045X_1X_3 - 0.513X_2X_3 \quad (R=0.751)$$

对方程进行显著性检验，$F=0.7191>F_{0.05}$（0.686），达显著水平，其他回归系数也符合相关要求，计算结果有一定的应用价值。由数学模型得出最高产量的施肥指标为N：360 kg/hm²，P_2O_5 240 kg/hm²，K_2O 300 kg/hm²，最高产量为10510.92 kg/hm²。

4.水氮耦合与产量的数学模型建立

水肥耦合效应模型采用多元回归方程，即以水分和不同肥料为自变量，以产量为因变量建立水肥回归模型，并通过计算机模拟，提出不同产量水平下各因素的最佳组合。分别将红枣产量（Y）与灌溉水量（X_1）、氮肥施入量（X_2）进行二次多项式逐步回归分析，得关系式：

$$Y=138.2216+1.0052X_1+22.7317X_2-0.001X_1^2-0.4417X_2^2+0.0023X_1X_2（R=0.9181）$$

对方程进行显著性检验，$F=3.2227>F_{0.05}$。通过模型分析得出以红枣产量为经济目标时，各个因素的最佳组合为：红枣产量（Y）699.215 kg/亩，灌溉水量（X_1）428.3 m³/亩，氮肥施入量（X_2）23.67 kg/亩。二因素对红枣产量的作用顺序为：施氮量>灌水量，水氮之间具有协同效应。

（五）配方施肥对骏枣果实及植株养分含量的影响

1.对枣叶中N、P、K含量的影响

枣叶中全氮含量，在氮、钾肥相对丰富而磷肥相对亏缺的处理3中最高，为4.37%；在磷肥亏缺的处理12中最小，为4.03%。枣叶中全磷含量，在氮肥相对亏缺而磷钾肥相对丰富的处理5中最高，为0.4%；在磷、钾肥适度而氮肥极度亏缺的第10组处理中最小，为0.31%。枣叶中全钾含量，在氮磷钾肥都相对适度的处理15中最高，为1.93×10⁴ mg/kg；在氮磷适度，钾肥极度亏缺的处理14中最小，为1.65×10⁴ mg/kg，如表3-46所示。

表3-46　不同氮、磷、钾肥施肥处理的骏枣叶片中的N、P、K含量

处理	枣　叶		
	全氮(%)	全磷(%)	全钾(mg/kg)
F1	4.32a	0.37b	1.66×10⁴d
F2	4.42a	0.38ab	1.73×10⁴c
F3	4.37a	0.36b	1.68×10⁴cd
F4	4.33a	0.35b	1.69×10⁴cd
F5	4.37a	0.4a	1.67×10⁴d

续表

处理	枣 叶		
	全氮(%)	全磷(%)	全钾(mg/kg)
F6	4.3a	0.37b	$1.66×10^4$c
F7	4.12ab	0.35b	$1.76×10^4$bc
F8	4.37a	0.37b	$1.74×10^4$c
F9	4.1ab	0.33b	$1.82×10^4$b
F10	4.17ab	0.31c	$1.89×10^4$ab
F11	4.2ab	0.33	$1.92×10^4$a
F12	4.03b	0.34b	$1.83×10^4$b
F13	4.23ab	0.32b	$1.82×10^4$b
F14	4.14ab	0.37b	$1.65×10^4$d
F15	4.35a	0.35b	$1.93×10^4$a

注：数据为平均值。同行不同小写字母表示LSD差异达显著水平（$P=0.05$）。下表同。

2.对二次枝中N、P、K含量的影响

枣树二次枝中全氮含量，最高值出现在氮、磷肥相对丰富而钾肥相对亏缺的处理7中，为0.614%，如表3-47所示；在氮、磷肥相对适中，钾肥极度丰富的处理13中最小，为0.358%。枣树二次枝中全磷含量，在氮、磷、钾肥相对丰富的处理1中最高，在氮、钾肥适中，磷肥极度丰富的处理11中也表现出了最高值，均为0.13%；在氮、钾肥相对缺乏和氮、磷肥相对缺乏的第6、7组处理中最小，为0.06%。枣树二次枝中全钾含量，在氮、磷、钾肥都相对丰富的处理1中最高，为$6.07×10^3$mg/kg；在磷、钾肥适中，氮肥极度丰富的处理9中表现为最小，为$2.08×10^3$mg/kg。

表3-47 不同氮、磷、钾肥施肥处理的骏枣二次枝中的N、P、K含量

处理	二次枝		
	全氮(%)	全磷(%)	全钾(mg/kg)
F1	0.39de	0.13a	$6.07×10^3$a
F2	0.443d	0.09bc	$4.08×10^3$c
F3	0.49bcd	0.07c	$3.28×10^3$e
F4	0.478cd	0.11b	$4.03×10^3$c

处理	二次枝		
	全氮(%)	全磷(%)	全钾(mg/kg)
F5	0.504c	0.08c	$3.75×10^3$cd
F6	0.526bc	0.06d	$2.69×10^3$f
F7	0.614a	0.06d	$2.5×10^3$f
F8	0.538b	0.07c	$4.77×10^3$b
F9	0.538b	0.08c	$2.08×10^3$g
F10	0.513c	0.09bc	$3.59×10^3$cde
F11	0.596a	0.13a	$2.15×10^3$g
F12	0.453d	0.08c	$2.76×10^3$f
F13	0.358e	0.08c	$3.72×10^3$de
F14	0.462d	0.09bc	$4.98×10^3$b
F15	0.382de	0.07c	$3.71×10^3$de

3.氮、磷、钾配施对枣吊中N、P、K含量的影响

枣吊中全氮含量，在氮、磷、钾肥相对丰富的处理1中最高，为1.11%，如表3-48所示；在磷肥亏缺的处理12中最小，为0.941%。枣吊中全磷含量，在氮肥相对亏缺而磷、钾肥相对丰富的处理5中最高，为0.15%；在氮、磷、钾肥都相对亏缺的第8组处理中最小，为0.1%。枣吊中全钾含量，在氮、钾肥适中，磷肥极度丰富的处理11中最高，为$7.84×10^3$ mg/kg；最小值出现在氮、磷肥相对丰富而钾肥相对亏缺的处理7中，为$4.63×10^3$ mg/kg。

表3-48　不同氮、磷、钾肥施肥处理的骏枣枣吊中的N、P、K含量

处理	枣 吊		
	全氮(%)	全磷(%)	全钾(mg/kg)
F1	1.11a	0.11b	$7.31×10^3$b
F2	1.1a	0.11b	$5.8×10^3$c
F3	0.953b	0.11b	$4.69×10^3$d
F4	0.942b	0.11b	$6.75×10^3$bc
F5	1.09a	0.15a	$6.82×10^3$bc
F6	1.04a	0.13a	$4.69×10^3$d
F7	1.02b	0.11b	$4.63×10^3$d

续表

处理	枣吊		
	全氮(%)	全磷(%)	全钾(mg/kg)
F8	0.971	0.1b	5.6×10³cd
F9	1.04a	0.1b	5.23×10³d
F10	1.06a	0.1b	5.36×10³cd
F11	1.05a	0.14a	7.84×10³a
F12	0.941b	0.11b	7.45×10³ab
F13	1.04a	0.11b	7.24×10³b
F14	1.04a	0.12b	5.7×10³c
F15	1.09a	0.11b	7.16×10³b

4.氮、磷、钾配施对骏枣果实中N、P、K含量的影响

骏枣果实中氮含量，在氮、钾肥适中，磷肥极度丰富的处理11中最高，为0.886%（表3-49）；在磷肥亏缺的处理12中最小，为0.485%。枣果中全磷含量，在氮、磷、钾肥相对丰富的处理1中最高，为0.13%；在磷、钾肥相对丰富，氮肥极度丰富的第9组处理中最小，为0.067%。枣果中全钾含量，在磷、钾肥相对丰富，氮肥极度丰富的第9组处理中最高，为9.81×10³ mg/kg；最小值出现在氮、磷肥相对适中而钾肥极度丰富的处理13中，为1.0×10³ mg/kg。

科学的水肥管理是枣园高产、稳产的重要保证。土壤具有良好的气水状况和丰富的矿质元素，可促进根系生长，提高吸收水分、养分的能力，进而促进地上部分对碳水化合物的同化作用（郭裕新，2010）。在一定范围内，营养元素越多，源的同化作用越强，库强随之增高，矿质元素直接或间接地影响着库源（刘晓冰，2010）。本研究在滴灌条件下，设置不同氮、磷、钾配比施肥处理，分析骏枣植株地上部分各器官氮、磷、钾元素的含量，分析得出，氮、磷、钾肥的施用对枣叶、枣吊、枣果、二次枝等器官中氮、磷、钾元素营养的吸收和积累有重要影响；枣树在年生长周期中对N、P、K元素的总吸收量表现为P<K<N；对于骏枣地上部分植株各器官中的养分含量，不同氮、磷、钾施肥配比处理间差异较大。

在磷、钾肥量适度的条件下，氮肥施入量过高会抑制枣叶对N、P、K元素的吸收和积累；增施氮肥能促进枣叶、枣果、二次枝对N、P、K元素的吸收和积累，施入量过高则抑制N、P、K元素的吸收和积累。在氮、钾肥量适

度的条件下，增施磷肥能促进枣叶、枣果对N、P元素的吸收和积累，施入量过高则抑制N、K元素的吸收和积累；在氮、磷肥量适度条件下，增施钾肥能促进枣叶、枣果对K元素的吸收和积累，施入量过高则抑制N、P元素的吸收和积累；同时钾肥施入量过高抑制枣果、二次枝对N、P、K元素的吸收和积累。

综合分析得出，在滴灌条件下，氮、磷、钾肥配施对红枣植株养分的吸收和积累有显著的影响，增加土壤肥力，能促进枣树地上部分各器官对N、P、K元素的吸收，但任一元素施入量过高则会抑制树体对N、P、K元素的吸收和积累。

表3-49 不同氮、磷、钾肥施肥处理的骏枣果实中的N、P、K含量

处理	果 实		
	全氮(%)	全磷(%)	全钾(mg/kg)
F1	0.609d	0.13a	$1.03×10^3$c
F2	0.524de	0.088bc	$8.98×10^3$b
F3	0.876a	0.12a	$1.02×10^3$c
F4	0.563de	0.099ab	$9.37×10^3$ab
F5	0.754bc	0.098ab	$9.58×10^3$ab
F6	0.656c	0.095b	$1.08×10^3$c
F7	0.677c	0.074c	$9.56×10^3$ab
F8	0.596d	0.093b	$9.62×10^3$ab
F9	0.558de	0.067d	$9.81×10^3$a
F10	0.746bc	0.087bc	$1.02×10^3$c
F11	0.886a	0.1ab	$1.03×10^3$c
F12	0.485e	0.098ab	$9.05×10^3$b
F13	0.591d	0.11a	$1.0×10^3$c
F14	0.793b	0.11a	$1.04×10^3$c
F15	0.798b	0.09abc	$9.64×10^3$ab

参考文献

[1]Teixeira R L, Knoop C, Glimelius K.Modified sucrose, starch, and ATP levels in two alloplasmic male-sterile lines of B.napus[J].Journal of Experimental Botany, 2005, 56(414):1245-1253.

[2]陈俊伟,张上隆,张良诚.果实中糖的运输、代谢与积累及其调控[J].2004,30 (1):1-1.

[3]党云萍,王延峰,常海飞.赤霉素对西农早蜜桃果实发育的影响[J].延安大学学报(自然科学版),2003,22(2):65-66.

[4]Brenner M L.Hormonal control of assimilate partitioning: regulationin the sink[J]. Acta Hort, 1989(239): 141-146.

[5]黄卫东,张平,李文清.6-BA 对葡萄果实生长及碳、氮同化物运输的影响[J].园艺学报, 2002,29 (4): 303-306.

[6]夏国海,张大鹏,贾文琐.IAA、GA 和 ABA 对葡萄果实 ^{14}C 蔗糖输入与代谢的调控[J].园艺学报,2000,27(1):6-10.

[7]王振平,吴强,李玉霞.葡萄果实糖分研究进展[J].中外葡萄与葡萄酒, 2005 (8):26-29.

[8]范爽,商东升,李忠勇.设施栽培中'春捷'桃糖积累与相关酶活性的变化[J].园艺学报,2006,33(6):1307-1309.

[9]王永章,张大鹏.乙烯对成熟期新红星苹果果实碳水化合物代谢的调控[J].园艺学报,2000,27(6):391- 395.

[10]李鹏程,郁松林,符小发,等.GA$_3$对葡萄果实糖积累及蔗糖代谢酶的影响[J].西北农林科技大学学报(自然科学版),2011,39(10):177-182.

[11]孙盼盼,李建贵,王娜.叶面肥和赤霉素对骏枣果实生长发育中糖积累的影响[J].西北农业学报,2011,20(12):98-102.

[12]郭珍,徐福利,汪有科.5-氨基乙酰丙酸对枣树生长发育、产量和品质的影响[J].西北林学院学报,2010,25(3):93-96.

[13]Pollard J E, Biggs R H.Role of cellulose in abscission of citrus fruit[J]. Amer. Soc. Hort. Sci., 1970, 95(6):667-677.

[14]Rasmussen G K.Changes in cellulose and pectinase activities in fruit tissues and separation zone of citrus treated with cycloheximide[J].Plant Physiol,1973(51):

625-628.

[15]Luckwill L C,Weaver P,Maimillan J.Gibberellins and other growth hormones in apple seeds [J]. Hort Science, 1969(44):413-424.

[16]Sagee O,Erner Y.Gibberellins and abscisic acid contents during flowering and fruit set of Shamouti orange[J].Scientia Horticulturae,1991(48):1-2, 29-39.

[17]Sant R H.Control of fruit growth and drop in mango cv:dashehari [J].Acta Horticulturae, 1983(134):169-177.

[18]刘丙花,姜远茂,彭福田,等.甜樱桃红灯果实发育过积中果肉及种子内源激素含呈变化动态[J].果树学报,2008,25(4):593-596.

[19]胡芳名,谢碧霞,刘佳佳,等.枣果生长发育期内源激素变化规律研究[J].中南林学院学报,1998,18(3):32-36.

[20]孟玉萍,曹秋芬,樊新萍,等.苹果采前落果与内源激素的关系[J].果树学报,2005, 22(1):6-10.

[21]贾晓梅,张保石,温涉良.冬枣果实内源激素水平对其坐果的影响[J].中国果树, 2010, 7(4):16-18.

[22]袁晶,汪俏梅,张海峰.植物激素信号之间的相互作用[J].细胞生物学杂志,2005, 27(3):325-328.

[23]梁雪莲, 王引斌.小麦生长发育进程中ABA等内源激素的变化与调节研究[J].种子,2004,23 (7):49-52.

[24]张小红,陈彦生,康冰.激素对香椿腋芽增殖生长的效应[J].西北植物学报,2001, 21(4):756-760.

[25]Hugouvieux.Guard Cell Signal Transduction[J]. Annual Review of Plant Biology, 2001(52): 627-658.

[26]黄超,李玲.植物激素信号间的相互作用(综述)[J].亚热带植物科学,2005, 34(4):66-70.

[27]Anino K K, Chen T H, Fuchigami L H, et al. Abscisic Acid-Induced Cellular Alterations During the Induction of Freezing Tolerance in Bromegrass Cells[J]. Urban & Fischer, 1991 (5):137.

[28]Kukina I V, Akinshina G T, Anufrieva V N, et al. Plasmodium yoeli 265 BY-new possibilities in the study of the resting stages of the malarial parasites[J]. Meditsinskaia Parazitologiia I Parazitarnye Bolezni, 1994(2):52-56.

[29]张俊环.葡萄幼苗与果实对温度逆境的交叉适应性及其细胞学机制研究[D].北京:中国农业大学,2005.

[30]刘悦萍,黄卫东,王利军.葡萄叶片饲喂的^{14}C——水杨酸对高温胁迫的应激反应[J].中国农业科学,2003(06):685-690.

[31]胡正海.植物比较解剖学在中国50年的进展和展望[J].西北植物学报,2003(2):344-355.

[32]刘德兵,卢业凌,蔡胜忠,等.果树超微结构研究进展[J].河南职业技术师范学院学报,2003(1):41-44.

[33]王春飞,郁松林,肖年湘,等.果树果实生长发育细胞学研究进展[J].中国农学通报,2007,23(7):386-389.

[34]Harada T , Kurahashi W , Yanai M , et al. Involvement of cell proliferation and cell enlargement in increasing the fruit size of Malus species[J]. Scientia Horticulturae, 2005, 105(4):447-456.

[35]Cruz-Castillo J G , Woolley D J , Lawes G S . Kiwifruit size and CPPU response are influenced by the time of anthesis[J]. Scientia Horticulturae, 2002, 95(1-2): 23-30.

[36]王荣花,李嘉瑞,陈理论.杏果实发育的形态解剖学研究[J].西北农业大学学报, 2000, 28(4): 45-50.

[37]Bertin N , Gautier H , Roche C . Number of cells in tomato fruit depending on fruit position and source-sink balance during plant development[J]. Plant Growth Regulation, 2002, 36(2):105-112.

[38]闫树堂,徐继忠.不同矮化中间砧对红富士苹果果实内源激素、多胺与细胞分裂的影响[J].园艺学报,2005,32(1):81-83.

[39]李建国,黄辉白,刘向东.荔枝果皮发育细胞学研究[J].园艺学报,2003,33(1):23 -28.

[40]Ozga J A , Reinecke D M . Hormonal Interactions in Fruit Development[J]. Journal of Plant Growth Regulation, 2003, 22(1):73-81.

[41]Shiozaki S , Ogata T , Horiuchi S . Endogenous polyamines in the pericarp and seed of the grape berry during development and ripening[J]. Scientia Horticulturae, 2000, 83(1):33-41.

[42] Kondo S , Fukuda K . Changes of jasmonates in grape berries and their possible roles in fruit development[J]. Scientia Horticulturae, 2001, 91(3-4):275-288.

[43]杨峰,范亚民,李建龙,等.高光谱数据估测稻麦叶面积指数和叶绿素密度[J].农业工程学报,2010,26(2):237-243.

[44]曲柏宏,李树春.苹果梨成龄树枝量与叶面积的相关性探讨[J].延边大学农学

学报,1990(4):37-40.

[45]吕天星,伊凯,刘志,等.苹果实生苗叶片叶绿素含量遗传趋势[J].西北农业学报,2013,22(12):91-95.

[46] Darishzadeh R, Skidmore A, Schlerf M, et al. LAI andchlorophyll estimation for a heterogeneous grassland usinghyperspectral measurements [J]. ISPRS Journal of Photo-grammetry & Remote Sensing, 2008, 63(4): 409-426.

[47]童庆禧,张兵,郑兰芬.高光谱遥感的多学科应用[M].北京:电子工业出版社,2006:59-60.

[48]方慧,宋海燕,曹芳,等.油菜叶片的光谱特征与叶绿素含量之间的关系研究[J].光谱学与光谱分析,2007,27(9):1731-1734.

[49]黄敬峰,王秀珍,胡新博.新疆北部不同类型天然草地产草量遥感监测模型[J].中国草地学报,1999(1):7-11.

[50]陆少峰,廖奎富,区善汉,等.不同植物生长调节剂对金橘果实生长及产量的影响[J].南方农业学报,2015,46(3):471-474.

[51]李韬.植物生长调节剂不同处理方式在花生上的应用效果研究[D].北京:中国农业科学院,2013.

[52]陈永华,赵森,严钦泉,等.利用差异显示法研究水稻耐淹涝相关基因[J].农业生物技术学报,2006,14(6):894-898.

[53]冯志勇,米朔甫,陈明杰,等.低温胁迫下香菇基因表达差异研究[J].应用与环境生物学报,2006,12(5):614-617.

[54]易图永,张宝玺,谢丙炎,等.利用差异显示技术克隆辣椒抗疫病相关DNA序列的研究[J].中国蔬菜,2005(12):11-13.

[55]Qin Q M, Zhang Q, Zhao W S, et al.Identification of a lectingene induced in rice in response to Magnapor the grisea infection[J].Acta Botanica Sinica, 2003, 45(1): 76-81.

[56]周宇,佟兆国,张开春,等.赤霉素在落叶果树生产中的应用[J].中国农业科技导报,2006, 8(2):27-31.

[57]常有宏,蔺经,刘广勤,等.喷布GA4+7和套袋对苹果和果锈的影响[J].江苏农业科学, 1998(1):56-57.

[58]方学智,费学谦,丁明,等.不同浓度CPPU处理对美味猕猴桃果实生长及品质的影响[J].江西农业大学学报,2006,28(2):217-221.

[59]汪良驹,王中华,李志强,等.5-氨基乙酰丙酸促进苹果果实着色的效应[J].果树学报,2004,21(6):512-515.

[60]王贞,孙治强,任子君.复合型植物生长调节剂对番茄果实生长及品质的影响[J].河南农业大学学报,2008,42(2):176-179.

[61]Castelfranco P A,Beale S I. Chlorophy II biosynthesis recent advance and areas of current interest[J].Annu Rev Plant Physiol,1983(34):1241-278.

[62]郭裕新,单公华.中国枣[M].上海:上海科学技术出版社,2010:94-95.

[63]朱锐.新疆枣树栽培适宜品种及关键技术的调查研究[D].北京:北京林业大学,2010.

[64]阿布都卡迪尔·艾海提,吾斯曼·马木提,古丽木·阿不拉.新疆干旱区骏枣丰产栽培技术研究[J].北方园艺,2008(4):44-45.

[65]孙宁川,葛春辉,徐万里,等.植物生长调节剂对哈密大枣采前落果、果实品质及产量的影响[J].新疆农业科学,2010,47(12):2385-2389.

[66]高俊风.植物生理学实验技术[M].西安:世界图书出版公司,2000.

[67]高建社,王军,周永学,等.5个杨树无性系抗旱性研究[J].西北农林科技大学学报(自然科学版),2005,33(2):112-116.

[68]武丽,徐晓燕,李章海.不同植物生长调节剂及其与Mo、维生素C配施对烤烟农艺性状和化学成分的影响[J].安徽农业大学学报,2005,32(3):273-27.

[69]武婷,武之新,李清国.植物生长调节物质在冬枣树上的应用[J].西北园艺(果树),2010(03):11-12.

[70]郭珍,徐福利,汪有科.5-氨基乙酰丙酸对枣树生长发育、产量和品质的影响[J].西北林学院学报,2010,25(3):93-96.

[71]张树英.几种自制植物生长调节剂对葡萄和枣果实生长及品质的影响[D].太原:山西农业大学,2004.

[72]李怀梅,何跃,惠成章.几种化学物质提高枣坐果率的效果[J].河北果树,1999(2):49.

[73]陶陶.米枣落果生理机理及植物生长调节剂对其果实发育品质的影响[D].成都:四川农业大学,2012.

[74] Akram N A , Ashraf M . Regulation in Plant Stress Tolerance by a Potential Plant Growth Regulator, 5-Aminolevulinic Acid[J]. Journal of Plant Growth Regulation, 2013,32(3):663-679.

[75] Ali B , Wang B , Ali S , et al. 5-Aminolevulinic Acid Ameliorates the Growth, Photosynthetic Gas Exchange Capacity, and Ultrastructural Changes Under Cadmium Stress in Brassica napus L.[J]. Journal of Plant Growth Regulation, 2013, 32(3):604-614.

［76］Giusti A M，Bignetti E，Cannella C . Exploring New Frontiers in Total Food Quality Definition and Assessment：From Chemical to Neurochemical Properties［J］. Food and Bioprocess Technology, 2008, 1(2)：130-142.

［77］程福厚,杨俊杰,赵志军,等.影响鸭梨产量品质的外界因素分析[J].北方园艺,2012(4):13-16.

［78］宋晓晖.不同有机肥对梨果实和叶片糖代谢影响的研究[D].南京:南京农业大学,2012.

［79］张媛,张玉星,王国英.土施硼肥和钾肥对黄冠梨果实品质的影响[J].中国果树,2012(5):36-38.

［80］郭蕾萍.不同生育期的施肥量对'藤稔'葡萄树体生长及果实品质的影响[D].上海:上海交通大学,2014.

［81］张启航.配方施肥对梨果实品质及树体营养状况的影响[D].保定:河北农业大学,2018.

［82］谢世恭,谢永红,曾弧妮,等.诊断施肥综合法在果树营养诊断上的应用[J].福建果树,2005(1):36-37.

［83］贾兵,衡伟,刘莉,等.砀山酥梨叶片矿质元素含量年变化及其相关性分析[J].安徽农业大学学报,2011,38(2):212-217.

［84］王广勇,王明仁.施专用复合肥对苹果梨土壤营养和树体营养的影响[J].城市建设理论研究:电子版,2012(4):1-5.

［85］闫敏,李磊,霍晓兰,等.酥梨营养器官中矿质元素周年动态变化[J].山西农业科学,2011,39(8):800-802.

［86］Krivoshiev G P，Chalucova R P，Moukarev M I . A Possibility for Elimination of the Interference from the Peel in Nondestructive Determination of the Internal Quality of Fruit and Vegetables by VIS/NIR Spectroscopy［J］. LWT－Food Science and Technology, 2000, 33(5):344-353.

［87］徐超,于雪梅,陈波浪,等.不同树龄库尔勒香梨叶片养分特征分析[J].经济林研究,2016,34(3):22-29.

［88］孙聪伟,陈展,魏建国,等.营养诊断在葡萄上的应用[J].河北果树,2015(6):5-6.

［89］李玉鼎,张军翔,张光弟,等.宁夏贺兰山东麓酿酒葡萄基地土壤营养诊断与叶分析[J].中外葡萄与葡萄酒,2004(3):17-21.

［90］贾文竹,马利民,卢树唱,等.河北省菜地、果园土壤养分状况与调控技术[M].北京:中国农业出版社,2007.

[91]陈举鸣,庄伊美.木本作物营养诊断评述[J].福建农学院学报,1986,15(4):347-353.

[92]张亚鸽,史彦江,吴正保,等.基于主成分分析的枣园土壤肥力综合评价[J].西南农业学报,2016,29(5):1156-1160.

[93]刘世梁,傅伯杰,刘国华,等.我国土壤质量及其评价研究的进展[J].土壤通报,2008,37(1):137-143.

[94]陈举鸣,庄伊美.木本作物营养诊断评述[J].福建农学院学报,1986,15(4):347-353.

[95]苏德纯.叶分析在葡萄营养诊断中的应用[J].落叶果树,1988(4):20-21.

[96]Kim, Y T, Leech, R H. The potentialuse of DRIS in fertilizing hybrid poplar [J]. Communications in Soil Science and Plant Analysis,1986, 17(4):429-438.

[97]李港丽,苏润宇,沈隽.几种落叶果树叶内矿质元素含量标准值的研究[J].园艺学报,1987(2):81-89.

[98]李港丽,苏润宇,沈隽,等.建立果树标准叶样的研究[J].园艺学报,1985(4):217-222.

[99]李港丽.叶分析在果树矿质营养诊断中的应用[J].中国农学通报,1987(2):12-14.

[100]刘小勇,董铁,王发林,等.甘肃省元帅系苹果叶营养元素含量标准值研究[J].植物营养与肥料学报,2013,19(1):246-251.

[101]徐叶挺,张雯,杨波,等.新疆莎车'纸皮'扁桃叶片营养诊断体系的建立与应用[J].果树学报,2014,31(1):143-149.

[102]郗荣庭.果树栽培学总论[M].北京:中国农业出版社,1999.

[103]彭永宏.猕猴桃生长与结实的适宜需水量研究[J].果树科学,1995,12(增刊):50-54.

[104]Atkinson C J, Taylor L, Taylor J M, et al. Temperature and irrigation effects on the cropping, development and quality of 'Coxs Orange Pippin' and 'Queen Cox' apples[J]. Scientia Horticulturae, 1998, 75(1-2):59-81.

[105]Awk A, Mhb A, Tmma B. Composition and quality of 'Braeburn' apples under reduced irrigation[J]. Scientia Horticulturae, 1996, 67(1 - 2):1-11.

[106]Peng, Y H, Rabe E. Effect of differering irrigation regimes on fruit quality, yield, fruit size and net CO_2 assimilation of Mihowase satsuma[J].Hort Sci & Biotech, 1998,73(2):229-234.

[107]刘明池,小岛孝之.亏缺灌溉对草莓生长和果实品质的影响[J].园艺学报,

2001,28(4):307-311.

[108]苏淑钗.葡萄着色问题研究进展[J].中外葡萄与葡萄酒,1994(2):1-4.

[109]程福厚.调亏灌溉条件下鸭梨营养生长、产量和果实品质反应的研究[J].果树学报,2003,20(1):22-26.

[110]柴仲平,王雪梅,孙霞,等.滴灌条件下红枣生育期需肥特征研究[J].西南农业学报,2010,23(2):493-496.

[111]杨生权.土壤和叶片养分状况对柑橘产量和品质的影响[D].重庆:西南大学硕士研究生毕业论文,2008.

[112]王建勋,高疆生.阿克苏地区红枣树栽培与管理技术要点[J].山西果树,2007,9(1):22-23.

[113]高疆生,杨伟,唐都,等.密植枣园土壤养分消长特性对枣果实品质及产量的影响[J].新疆农业科学,2015,52(3):455-460.

[114]郭裕新,单公华.中国枣[M].上海:上海科学技术出版社,2010,276-277.

[115]刘晓冰,王光华,金剑,等.作物根际和产量生理研究[M].北京:科学出版社,2010.

第四章 骏枣品质形成的外在影响因素

第一节 树体结构调控

果树树体结构的研究起源于人们对植物形态结构的认识，与树体结构的研究一脉相承。果树整形是指通过修剪，把树体建造成某种树形，其目的是培养和安排骨干枝的数量、级次、分布，构建理想的树形，建造合理的群体结构和个体结构，高效利用光能，同时确保树冠内通风透光，以期获得高产优质果品。狭义的果树修剪与整形并列，枝组的培养与更新、生长与结果、衰老与复壮的调节，其目的是调控枝量、枝类比、枝梢生长势和生长节奏、改善光照，调节树冠内枝条间、各器官、生殖生长和营养生长的关系（郗荣庭，2003）。

果树优良的树形表现为树冠骨架紧凑、牢固，负荷力强，树冠通风透光，形成立体结果，是果树优质丰产稳产的保障（何大富，1999）。柑橘常用树形为自然开心形、变则主干形、自然圆头形、篱壁形等（胡德玉，2016）。自然圆头形无明显中心主干，形成树冠快且丰满，早结果，丰产，但丰产后树冠易郁闭，树体早衰；自然开心形整形修剪量小，成形快，全树叶片多，进入结果期早，果实发育好，品质优。丰产后，修剪量也较小，但树冠内膛枝容易徒长；变则主干形具有较明显的中心主干，树冠高大，有效体积大，主枝分布均匀，疏密合理，通风透光良好，产量较高，但树冠较高，生产管理较为困难；篱壁形树冠厚度变化不大，不易封行，通风受光好，树篱两面均匀受光，不易遮阴郁蔽，投产早，产量高，果实品质好，便于田间管理和机械耕作，但整形较困难，整形期长，若处理不当，易造成低产，并导致树势早衰（沈兆敏，2009）。樊秀芳比较研究了苹果细长纺锤形、主枝简化形和改良纺锤形，认为细长纺锤形早期成花量较高，具有早期丰产潜力（樊秀芳，1992）。马宝煜认为苹果乔砧细长纺锤形定干高度与中心干延长枝长度和分枝数量、长势等有密切联系，定干越低中心干延长枝就越长，但分枝数量少、长势旺（马宝煜，2000）。

整形改造可改变果树树体结构和枝叶分布，直接或间接影响树体生长和结果习性，调节树体营养生长和生殖生长的关系，并影响果树养分的吸收、营养的积累和分配等。易时来等（2008）对不同柑橘品种进行了篱壁、小枝组、大枝三种修剪处理，分别调查了不同修剪方式下，柑橘树剪口直径和次年每一剪口抽发春梢数量、春梢长度、春梢基部直径等参数，结果表明，不同的修剪方式均不同程度地影响了柑橘树体新梢的生长与发育。龙柳珍等（2008）研究了不同修剪方法对板栗的生长的影响，结果表明，冬季实施了开"天窗"修剪的板栗树，在春梢萌发前对主干环割一圈，并在结雌后期留2～3叶短截，其枝梢生长受到抑制，且效果非常明显。朱雪荣（2013）研究发现，冬季修剪+夏剪可以提高苹果叶片中 N、K、Fe、Zn、Mn 的含量；提高果实中 N、P、K、Mg、Zn、Mn 的含量，还可提高根系中 N、P、K、Na、Fe、Zn、Mn 的含量，但对果实中的 Ca 没有显著性影响。

对果树适时进行整形修剪，通过去枯枝、残枝、多余枝组等方式，改变冠层结构，改善树体通风透光能力，可提高叶片的光合作用效率，促进树体碳水化合物积累，进而提高树体结果能力和果实品质（方海涛，2002；Kumar，2015）。果实产量和品质的提高是获得经济效益的关键，是果树栽培的起点和终点。选择合适的树形，改善树冠内的微域气候，成为丰产优质的必要环节。如何利用合理的树形标准，寻找产量、品质均优的树形成为重中之重（王建林，1997）。关于果树整形改造与产量、品质之间的关系，前人已经做了很多的研究，Kumar 等（2010）发现对桃树进行中度和重度修剪处理，其单果重、可溶性固形物（TSS）和糖酸含量均显著增加。在盛花期，对芒果进行7种不同的修剪，其花序数量、成果率、果实品质皆不同，其中，更新复壮和采后修剪可显著提高芒果的果实品质，尤其是 TSS 含量（Yeshitela，2005）。杨祖艳（2013）证实龙眼不同树形，其果实品质存在显著差异。其中，开心形和纺锤形的平均单果重、可食率、果肉重、蔗糖和总糖含量都显著高于对照；可溶性糖含量，纺锤形显著高于开心形和对照；开心形所结果实的可溶性固形物（TSS）显著高于对照。

确定适宜的栽植密度是果园丰产、优质的关键。确定栽植密度既要考虑品种、砧木、土壤、气候条件和树龄等的不同，也要考虑由于栽植密度的不同，苗木费以及建园时的投资等（王玉荣，2014）。因此，从经济角度确定果园适宜的栽植密度也是非常重要的因素。从栽培管理的角度来看，栽植密度过高，有其不良的影响，特别是由于光能利用率低而使得果树生长发育不良和品质下降等问题。杏树是喜光树种，随着栽植密度的增大，土壤中根系的分布呈现出拥挤的现象，相邻植株根系之间纵横交错，层次性杂乱无章，又因根多土少，养分供给不足，加上化肥的偏施，最终导致树体营养失调，土壤养分结构被破坏，不能满足树体的需求而导致产量和品质的下降。同时光能的利用率和通风透光条件将受到限制，杏树密植的结果是光强传输严重不足，通风不良。王家珍（2007）在对栽植密度对黄金梨的生长结果的影响的研究中得出：定植5年的黄金梨的单株产量以低栽植密度处理最高，高栽植密度处理株产最低，定植3年以后，高密度的黄金梨园要逐渐进行株间和行间间伐，增大株行距，增加果园通风透光，提高单产，这和杨留成（2009）研究的栽植密度对杏李'味帝'产量的影响的结果一致。

　　果园的栽植密度过小，冠层内的枝叶量少，树冠内的光照强度过高，枝条横向生长变粗，果园内温度上升，空气湿度下降，影响果树光合作用，降低果实的品质和产量。高密植的果园利于田间管理，随着株行距的缩小，使得当前以人工操作为主的果园作业难以顺利进行。

一、种植模式改造对骏枣生长发育和果实品质的影响

　　新疆红枣种植模式与国内其他传统栽培模式完全不同，以滴灌直播矮化密植栽培为主，在营养生长以及产量形成上与传统栽培亦有明显不同。虽具有早产丰产的突出表现，但随着树龄增加，枣园投入产出比例上升，枣树结果部位外移，果实品质下降。新疆枣树在由数量型向质量型转变的关键时期，必须通过调整枣园密度和改造树体结构，保证枣园持续丰产稳产，提升红枣品质是枣产业发展的必由之路。在同等立地条件下，栽培密度不同，产量相差很大，特别是对枣树早期产量有较大影响（周道顺，2003）。对于幼龄密植枣园，种植密度对枣树生长量指标及单株产量有明显影响，但对果吊比的影响较小。随着种植密度的降低，生长空间加大，枣树生长量和单株产量逐渐增大（郝庆，2013）。本文通过株行距为（1.5～0.75）m×0.5 m、树形为"359开心形"和株行距为（3.75～4）m×1 m、树形为"单轴主干形"两种栽培模

式对骏枣生长发育影响的对比，研究新模式种植对骏枣生长发育以及产量品质的影响。

（一）枣吊与果实生长量的动态变化

不同密度条件下果实生长发育进程亦不同，高密度区的果实纵横径均高于低密度区，如图4-1所示。自6月25日坐果之后，即幼果快速膨大期，两种不同种植密度下果实生长速率相对一致，均以加长生长为主。7月10日坐果结束后的硬核缓慢生长期，高密度区果实的纵径生长缓慢，低密度区果实纵径继续生长，直到8月10日熟前增长期时，低密度区果实增长速度急剧加快，高密度区的果实增长缓慢，但最终横径基本相同。

两种不同种植密度下枣吊生长速率与长度均发生了明显变化，如图4-2所示。种植密度（1.5～0.75）m×0.5 m的枣吊生长速率相对（3.75～4）m×1 m较快，尤其在5月3日至5月17日的展叶阶段出现第一次快速生长期，高密度区的枣吊相对生长量达到100.31%，低密度区的枣吊相对生长量为43.76%。在5月17日至6月4日这一阶段，两种不同密度下枣吊的生长速率相对稳定。6月4日至6月15日出现第二次快速生长期之后，枣吊由营养生长开始向生殖生长转变，生长缓慢，但高密度区枣吊长度相比低密度区的枣吊高出1.82倍，营养充足易形成木质化枣吊。随着密度降低枣树生长空间充足，营养相对分散，枣吊生长平缓，易形成脱落性枣吊。

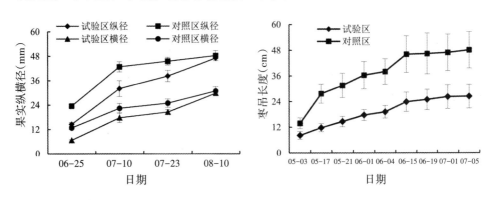

图4-1　果实生长动态变化　　　　　图4-2　枣吊生长动态变化

（二）不同模式下木质化枣吊与脱落性枣吊果实形态特征分析

不同密度条件下木质化枣吊与脱落性枣吊果实的形态特征发生显著变化，见表4-1所示。木质化枣吊在高密度模式下的单果重是低密度的1.21倍，果实纵横径同样相对较大。脱落性枣吊在高密度模式下的单果重相反较轻,果实纵横径亦较小。在高密度模式下,木质化枣吊的单果重均大于脱落性枣吊的单果重,同样果实纵横径相对较大。在低密度条件下,木质化枣吊与脱落性枣吊的单果重、果实纵横径差异不显著。

表4-1　果实外观品质比较

处理	木质化枣吊			脱落性枣吊		
	单果重(g)	横径(mm)	纵径(mm)	单果重(g)	横径(mm)	纵径(mm)
试验区	16.73±6.97	26.25±3.24	47.02±4.06	16.33±4.01	28.58±1.92	43.77±5.52
对照区	20.30±5.08	30.13±1.97	50.17±4.07	15.73±6.01	26.45±1.89	40.70±3.34

(三)不同种植模式下果实产量与品质分析

直播建园3年生的密植枣树,在不同种植密度条件下产量具有极大差异,见表4-2。在枣园株数减少88.55%的低密度试验区,亩产量较高密度对照区减少了74.48%,表明直播建园的高密度栽培模式,在幼龄期的群体产量具有很强优势,见效快,能有效弥补枣树前期投入成本过高的不足。低密度枣树的群体产量在降低,但个体单株产量提高了122.99%,亩用工投入减少了50.82%,单价提高了100%,表明枣树生长空间的增大,结果枝数量增加,营养相对分散,缓和枣树的极性生长,有利于个体产量的提高,提升了市场价值。

表4-2　果实产量效益分析表

处理	面积(m²)	株数(株)	单株产量(kg)	亩产(kg)	亩用工投入(元/亩)	单价(元/kg)	亩产值(元)
试验区	667	126	1.94	245	300	16	3920
对照区	667	1100	0.87	960	610	8	7680

红枣市场价格的上升主要归功于果实品质的提升,见表4-3所示。低密度试验区一级果率提高了182.98%,二级果率提高了267.95%,二级外果率和黑斑率分别减少了43.38%和75.85%。枣树种植密度的降低,提高了光合作用,增强了通风透光性,有效控制了病虫害的发生。果实商品率提高的同时,内在品质有显著的提升,总糖含量较高密度区提高了13.10%,总酸含量降低了15.68%,增强了口感。

表4-3 果实品质分析表

处理	面积（m²）	一级（%）	二级（%）	级外枣（%）	黑斑率（%）	N（g/100 g）	P（mg/100 g）	K（mg/100 g）	总糖（%）	总酸（g/kg）	VC（mg/100 g）
试验区	667	13.3	28.7	3.72	1.28	3.9	80.1	634.64	51.8	7.42	8.75
对照区	667	4.7	7.8	6.57	5.30	4.1	72.6	636.67	45.8	8.8	11.6

　　枣树种植模式多种多样，可以按栽种目的、环境条件、品种特性选择适宜的栽种方式。传统的种植方式有大株行距的普通枣园栽种、枣粮间作和四旁庭院栽种四种方式。近年来随枣树品种生物学特性研究的开展，又有了密植栽培模式，尤其新疆特色鲜明的直播建园种植模式，产生数量上的优势，以早产、丰产、稳产为主要目标，但随着树龄增加，枣树个体生长空间有限，同时追求高产必需的高量施肥，致使营养生长过旺，群体养分、空间竞争加剧，结果部位外移，产量降低、品质下降、投入产出比例上升。故枣树的种植模式应根据种植目的要求、树种生物学特性等对密度进行适当的调控。

　　枣吊即为结果枝，是枣树开花结果的枝条，也是进行光合作用的主要器官。枣吊又称脱落性枝，枝形纤细柔软，浅绿色，枝长因品种、长势而不同，短的仅8～12 cm，长的30 cm以上，多数品种为14～22 cm。本试验研究结果表明，待枣吊停止生长后，高密度区枣吊平均长度为46 cm，相比低密度区枣吊平均长度26 cm，长出20 cm。幼龄枣树在高水肥加重剪条件下，矮小树冠留下的少量枣吊得到异常的高水平营养，木质部硬化促进加长和加粗生长，形成了木质化枣吊。随着密度降低，枣树生长空间充足，营养相对分散，枣吊生长平缓，枝质不会硬化，长长后随着叶果重量增加逐渐平展下垂，降低了加长生长能力。另外，枣吊前15 d生长速率较快，其后的17 d生长缓慢，然后又开始10 d的急剧生长，直到枣树开始进入开花期，消耗大量营养物质，枣吊生长减慢。不同密度条件下果实生长发育进程亦不同，低密度区果实纵横径生长呈现出快-慢-快的变化规律。但高密度区果实在幼果膨大期生长发育很快，但从硬核期开始其生长速率一直平缓，其原因可能是密度过高养分竞争激烈，若营养供应不足则果实膨大速率减缓，致使果实最终的干物质积累不够，品质下降。果实完全成熟后高密度模式下木质化枣吊的果实体积和重量均大于脱落性枣吊，在低密度条件下木质化枣吊与脱落性枣吊果实体积和重量差异不显著。

　　直播建园的高密度栽培模式，在幼龄期的群体产量具有很强优势，但低密度模式下单株个体结果能力很强。枣树生长空间的增大，结果枝数量增加，营养相对分散，缓和枣树的极性生长，有利于个体产量的提高，这与郝庆等的研究结果一致。另外，研究结果表明，枣树种植密度降低，提高了光合作用，增强了通风透光性，有效控制了病虫害的发生，不仅提高了果实商品率，内在品质亦有显著的提升，同时降低了生产成本，增强了抵御市场急剧变化的能力。

近年来，兵团红枣产业发展取得了前所未有的成就，使红枣成为兵团第一大果树树种，效益也极为突出，尤其是红枣直播建园技术模式颠覆了传统种植模式，成园快、早丰产、收益高。但株行距为(1.5～0.75)m ×0.5 m的高密度种植模式，随树龄增大，枣园郁闭现象加重，叶片光合作用减弱，通风透光性差，病害严重，果实品质逐年退化，降低了抵御市场急剧变化的风险。另外高密度、高产量、晚采收栽培模式，每年都需通过重剪来控制树冠的扩增，不仅增加了劳动强度，同时大量消耗土壤肥力资源，枣园土壤养分匮乏和不平衡问题迅速凸显，导致树体抗性下降，果实病害日趋严重，品质下降风险加大。

目前新疆红枣产业正处于由数量型向质量型转变的关键时期，成龄枣园的密度调整和树形改造是枣产业可持续发展中迫切需要解决的难题。滴灌直播矮化密植栽培模式下树形和密度调整是一个动态过程，枣树不同树龄不同生长阶段的生长量不同，光照和养分竞争程度不同，果实的承载量亦不同。本试验所采取的一个主干(2.5～3.5 m)，10～15个枣头，每个枣头6个二次枝，一个二次枝5个枣股，每个枣股3个枣吊，每个枣吊1～2枣果，株行距1 m×(3.75～4)m的栽培模式，果实品质、市场竞争力有显著提高，但急需配套相关的技术措施提升产量来保证新疆枣产业的可持续发展。

二、整形方式对骏枣养分运转分配过程中光合特性的影响

枣树的生长发育离不开养分的供应，而叶片的光合产物是与土壤养分同等重要的养分来源，更是影响枣产量及品质的重要限制因子。在枣树由营养生长向生殖生长转变的过程中，养分由原来主要输向枝叶（营养器官等）逐渐向以花果（生殖器官等）为主要的养分供应对象转变，这种重要的养分供应、分配及转移变化过程，对枣树树体的生长生殖具有十分重要的生物学意义，同时经过不同整形方式的树体光合作用在此过程中却发挥着至关重要的作用，当前已有部分研究者对果树树体源库关系进行了探讨性研究，但也大

都局限在种植密度及库源比（如叶果比）关系上（袁军，2016；娄善伟，2014），对枣树体不同生理时期的光合养分运转分配过程及规律缺少一定量的研究。朱振家等在油橄榄初花期通过减源（摘叶）和缩库（疏花）处理，结果发现库源比降低后源叶 Pn 的下降不能只归结于光合产物的直接反馈抑制，PSⅡ实际光化学量子效率下降可能是长期响应过程中 Pn 下降的主要原因。减源处理能在短期内提高油橄榄叶片光合能力，但会加速叶片的衰老。枣树的营养生长是生殖生长的前提，而生殖生长又是营养生长的最终目的。本研究以株行距为 1.0 m×2.25 m 的疏散分层形（Ⅰ）和株行距为 1.5 m×4 m 的单轴主干形（Ⅱ）两种不同整形方式的骏枣树体初花期（营养生长旺盛期）与末花期（生殖生长旺盛期）的 2 个相邻生理时期为切入点，观察当营养生长的重心向生殖生长偏移时，其树体的光合特性变化规律。

（一）环境因子的变化特征

不同整形方式对骏枣生长的各环境因子的影响情况如图 4-3 所示，光合有效辐射值的变化曲线为"单峰"曲线，峰值出现在 14：00 左右，为 1663.4 μmol/(m²·s)；整形方式Ⅰ的最高空气温度出现在 14：00，为 32.72 ℃，空气相对湿度恰好相反，为最低湿度，为 33.14%；整形方式Ⅱ的最高空气温度出现在 16：00，为 37.12 ℃，空气相对湿度最低为 25.06%。在同等光辐射条件下，整形方式Ⅱ相对于整形方式Ⅰ为高温低湿环境。

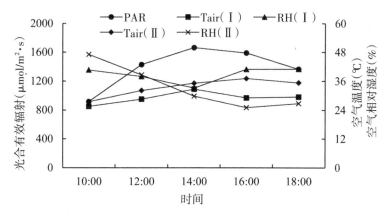

图4-3　对骏枣生长环境因子的影响

（二）骏枣不同整形方式在一天中不同时间段的光合特性

通过对 2 种整形方式的树形进行不同时间段光合特性的测定，发现骏枣不同整形方式在一天中不同时间段的光合特性如图 4-4 至图 4-7 所示。从一天内的早 10 点至晚 6 点的 5 个时间段中，Ⅱ（株行距为 1.5 m×4.0 m 的单轴主干形）的净光合速率、气孔导度和蒸腾速率均显著大于I（株行距为1 m×2.25 m的疏散分层形），而胞间CO_2浓度显著低于I。这说明整形方式II的这种栽植密度较小的单轴主干形光合能力较整形方式I栽植密度大的疏散分层形强。

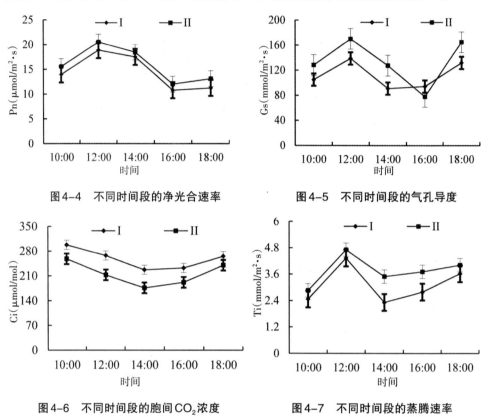

图4-4　不同时间段的净光合速率　　　　图4-5　不同时间段的气孔导度

图4-6　不同时间段的胞间CO_2浓度　　　图4-7　不同时间段的蒸腾速率

（三）骏枣不同整形方式不同生理期的光合特性

通过对2种整形方式不同生理期的光合特性的测定，得出骏枣不同整形方式不同生理期的光合特性如图4-8至图4-11所示。2种整形方式I和II的骏枣树的Pn、Gs、Ci以及Tr均以7月末花期较5月初花期的值较大，且在7月末花期时，II的Pn、Gs以及Tr的值均大于I，Ci值小于I，说明2种整形方式I、II在7月份生殖生长较为旺盛的末花期的骏枣树冠光合能力强于5月份营养生长较为旺盛的初花期，且整形方式为II的骏枣树的光合能力强于I。通过对SPAD值的测定，由图4-12可知，处于7月末花期整形方式II的骏枣树的叶片叶绿素含量值大于5月初花期整形方式I，说明株行距较大的单轴主干形的骏枣树在7月末花期时的叶绿素含量与株行距较小的疏散分层形的骏枣树在5月初花期的叶绿素含量相比更高，叶片的生长发育更充实。

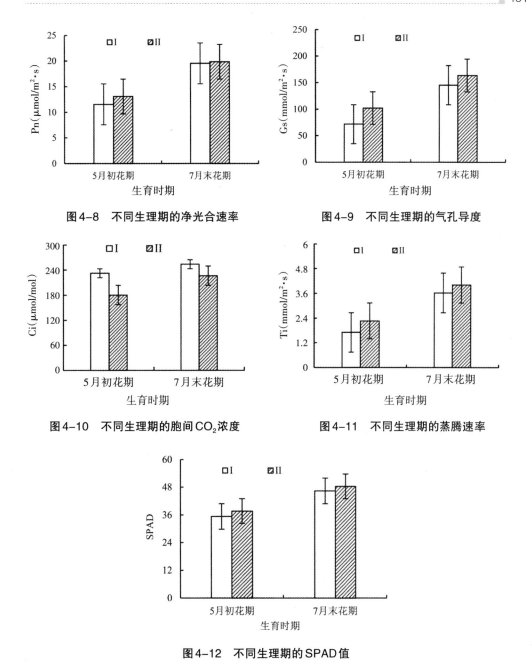

图4-8 不同生理期的净光合速率

图4-9 不同生理期的气孔导度

图4-10 不同生理期的胞间CO_2浓度

图4-11 不同生理期的蒸腾速率

图4-12 不同生理期的SPAD值

（四）骏枣不同整形方式下树体气孔限制值及水分利用效率

骏枣不同整形方式下树体气孔限制值及水分利用效率如图4-13所示。两种整形方式的骏枣树体的气孔限制值（Ls），总体均呈现出先升后降的趋势，而Ci先降后升，说明Ci下降是由于Ls所导致的，也进一步说明了光合"午休"现象为Ls所致。从骏枣的不同生理时期可知，两种整形方式均以初花期的Ls高于末花期，且株行距为1.5 m×4.0 m的单轴主干形的Ls高于株行距为1 m×2.25 m的疏散分层形，说明株行距越大，冠内空间越大，其Ls也越大。

水分利用效率（WUE）是衡量水分消耗量和碳固定量间关系的指标，用以表示叶片瞬间或短期的行为特征。从图4-14至4-16中可知，在一天的连续5个时段中，骏枣树为整形方式I的水分利用效率呈现先降后升的趋势，而整形方式II在10：00～18：00时间段内的水分利用效率一直呈下降趋势；从图4-15中的不同生理期间我们可以看出，骏枣初花期的水分利用效率要高于末花期的水分利用效率，且均以整形方式I的水分利用效率较高。这说明株行距较大的单轴主干形（II）相对于株行距较小的疏散分层形（I），在相对高温低湿的环境下，水分利用效率较低。

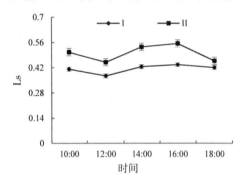

图4-13 不同时间段的气孔限制值

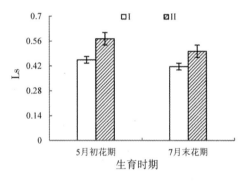

图4-14 不同生理期的气孔限制值

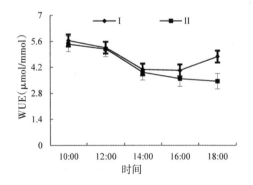

图4-15 不同时间段的水分利用效率

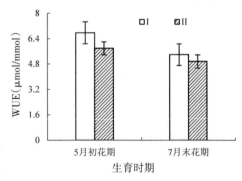

图4-16 不同生理期的水分利用效率

（五）不同整形方式对光合参数影响情况的相关性与主成分分析

对不同整形方式的骏枣树体在5、7月份12：00的光合参数平均值进行了相关性分析如表4-4所示，Pn与Gs、Tr、WUE、SPAD，Gs与Tr、SPAD，WUE与SPAD呈极显著正相关（$P<0.01$），Ci与Ls、WUE呈极显著负相关（$P<0.01$），WUE与Tr、Ls呈显著正相关（$P<0.05$）。这说明骏枣树冠叶片的各光合参数间存在极为紧密的相关性，需进一步进行主成分分析。

表4-4 各光合参数间的相关性分析

光合参数	净光合速率	气孔导度	胞间CO$_2$浓度	蒸腾速率	气孔限制值	水分利用效率	叶绿素含量
净光合速率	1						
气孔导度	0.87**	1					
胞间CO$_2$浓度	−0.2	0.21	1				
蒸腾速率	0.92**	0.96**	0.02	1			
气孔限制值	−0.01	−0.41	−0.98**	−0.24	1		
水分利用率	0.73**	0.39	−0.60**	0.44*	0.46*	1	
叶绿素含量	0.81**	0.74**	−0.04	0.74**	−0.14	0.61**	1

注："*"表示在$P<0.05$的水平上差异显著，"**"表示在$P<0.01$的水平上差异显著。

从表4-5可以看出，当保留3个公因子时，累计贡献率大于90%，从各因子的负荷量可以看出各主成分的生物学意义，第一主成分（光合因子）中，Tr的贡献最大，其次是Gs和Pn，说明蒸腾速率和气孔导度在光合因子中的地位极为重要；第二主成分（气孔因子）的主要组合指标中Ci、Ls的贡献较大，说明气孔限制值能极大程度的影响胞间CO$_2$浓度的含量，气孔限制值越大，胞间CO$_2$浓度含量越低；第三主成分（水分因子）中贡献最大的是SPAD值，其次是WUE，说明叶片中叶绿素含量与水分利用效率的关系密切。各光合参数在光合作用中的地位，可以用特征向量值的绝对值由高到低依次表示为Ci、Ls、Tr、Gs、Pn、SPAD、WUE。

表4-5 因子载荷矩阵

光合参数	主成分（特征向量）		
	光合因子	气孔因子	水分因子
净光合速率	0.8571	0.1588	0.4678
气孔导度	0.9262	−0.2371	0.2627
胞间CO$_2$浓度	−0.0043	−0.9902	−0.0993
蒸腾速率	0.9725	−0.0561	0.2124

续表

光合参数	主成分(特征向量)		
	光合因子	气孔因子	水分因子
气孔限制值	−0.1989	0.9752	0.0225
水分利用效率	0.3518	0.5571	0.6958
叶绿素含量	0.5733	−0.0675	0.7626
方差贡献	3.0302	2.3311	1.409
累计贡献	0.4091	0.7238	0.914

由表4-6可知，骏枣不同整形方式在不同时期的光合效率综合得分由高到低依次为：Ⅱ（7月末花期）＞Ⅰ（7月末花期）＞Ⅱ（5月初花期）＞Ⅰ（5月初花期）。两种整形方式的骏枣树均表现为7月份末花期的综合光合效能比5月份的初花期高，说明处于7月份的骏枣树体养分积累的主要目标，由原来的5月初花期以供应营养生长需要为主，转变为此时以生殖生长为主，营养生长为辅的养分供应关系。从表中可看出，在不同整形方式的骏枣树间，综合光合效能表现较好的为整形方式Ⅱ，说明株行距较大、栽植密度较小（1.5 m×4.0 m）的单轴主干形在光合养分积累方面比株行距较小、栽植密度较大（1 m×2.25 m）的疏散分层形更具有优势。

表4-6　骏枣不同整形方式在不同时期的光合效率评价结果

整形方式	生理期	光合因子		气孔因子		水分因子		综合得分	
		得分	位次	得分	位次	得分	位次	得分	位次
Ⅰ	5月初花期	−1.1302	4	−1.07528	4	−0.27892	3	−0.85381	4
	7月末花期	0.7263	2	−0.16262	3	0.56428	1	0.353279	2
Ⅱ	5月初花期	−0.53644	3	1.26736	1	−0.73226	4	0.040105	3
	7月末花期	0.94036	1	−0.02946	2	0.4469	2	0.460431	1

枣树在花期时树体所表现出的花量与坐果率将直接影响当年的枣产量，花量大且坐果率高，往往产量高。影响枣树花期的花量跟坐果率不是由某一因素所决定的，而是由花期树体养分的积累、运转、分配，花器官的发育状况、受粉状况以及自然环境变化等众多因素决定（盛宝龙，2007）。枣树花期

的养分积累方式主要由根系吸收和叶片光合所组成，而养分积累的目的则依据枣树所处不同生理时期会有所不同，在花期之前的树体养分积累主要是为了增强树势、增加枝叶量和扩大树冠，以增加叶片对太阳辐射的截获面积，提升净光合能力（朱亚静，2005；Proiett，2000），从而获取更多的光合养分，以营养生长为主，生殖生长为辅；花期及花后树体养分的积累，则是为了能更好地开花坐果（武维华，2003）以及促进果实和种子健康发育（遗传下一代），以生殖生长为主，营养生长为辅。本试验测定了骏枣花期始末的两个生理时期（5月初花期、7月末花期）和两种整形方式（Ⅰ、Ⅱ）的树体叶片的光合特性，作为参考营养生长阶段与生殖生长阶段的光合养分积累差异，结果表明：Ⅰ和Ⅱ在7月末花期的 Pn、Gs、Ci、Tr 以及 SPAD 值显著高于5月初花期，而 WUE 和 Ls 则相反；Ⅱ在2个生理时期的 Pn、Gs、Tr 以及 Ls 的值均显著高于Ⅰ，而 Ci 和 WUE 值则相反。段志平等（2018）研究了不同枣棉间作模式，认为在盛花期前 LAI、SPAD 及光合生理特性差异不显著，盛花期后有较大差异，本研究结果与前人基本一致，可能正是由于盛花期之后，枝条、叶片等的营养生长已达饱和状态，充当库的角色已消失，叶片进而全面转化为制造光合养分的叶源，而过多的养分累积迫切需要向花、果等生殖器官转移，以增加叶源的源强度（Laurent，2005），叶片的光合能力得以较大提升。由此可见，2种整形方式Ⅰ、Ⅱ在7月份生殖生长较为旺盛的末花期的骏枣树冠光合能力强于5月份营养生长较为旺盛的初花期，7月份生殖生长的光合养分积累量较5月份营养生长多。

通过试验对两种不同整形方式的骏枣树在不同生理时期的叶片光合特性的比较与分析，处于生殖生长阶段的7月末花期叶片的光合效能与处于营养生长阶段的5月初花期相比更强，叶片由原来累积、消耗养分的库转变为制造、输出养分的源，生殖器官花和果成为新的养分贮存的库；在株行距为1.5 m×4.0 m 下的单轴主干形与株行距为1 m×2.25 m 的疏散分层形相比，是更适合当地骏枣生产的栽培模式。

三、骏枣幼龄期种植密度对果实产量及品质的影响

本研究选取骏枣幼龄期常见的几种红枣栽植密度，分别为：1185株/亩（M1：0.5 m×0.75 m×1.5 m），888株/亩（M2：0.5 m×1.5 m），333株/亩（M3：1 m×2 m），111株/亩（M4：1.5 m×4 m），设计成不同梯度，研究了不同栽植密度骏枣叶片光合特性及品质的差异，为骏枣幼龄期栽植密度选择方面提供参考。

（一）种植密度对骏枣叶片光合特性的影响

1.净光合速率和蒸腾速率的日变化

四种模式分别在5月、7月和9月测得的骏枣叶片净光合速率（Pn）日变化如图4-17至图4-19所示。5月份，净光合速率日变化表现为单峰变化曲线，均在12：00时表现峰值，M3最高，为19.1 μmol/（m²·s），M1、M2和M3三种模式测得骏枣叶片的Pn明显高于M4。7月份，在10：00时，各模式测得的Pn高于5月份，在14：00低于5月测得的值。9月份，此时枣树进入脆熟期，树体光合作用产生的同化物用于果实生长、糖积累速率加快，光合作用较强，各模式Pn的大小依次为M3＞M2＞M1＞M4。

四种模式分别在5、7、9三个月份测得的叶片蒸腾速率（Tr）的日变化情况如图4-20、图4-21、图4-22所示。5月份，蒸腾速率的变化趋势与光合速率一致，表现为单峰变化趋势，但各模式在不同生长季峰值出现的时间不同，M1在5月份和7月份的蒸腾速率都在16：00时表现为最高；M3在9月份的蒸腾速率的最高值也出现在16：00。在各个生长季，M2和M3的Tr日变化值均在14：00时表现为最高。

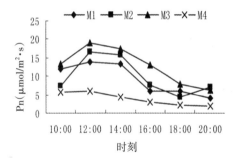

图4-17　5月叶片净光合速率

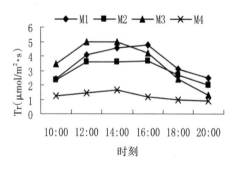

图4-18　5月叶片蒸腾速率

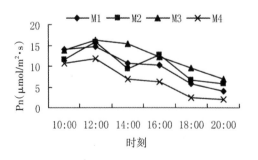

图4-19　7月叶片净光合速率

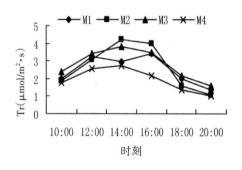

图4-20　7月叶片蒸腾速率

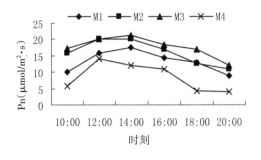

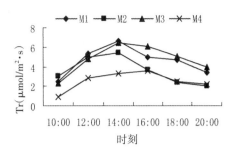

图4-21　9月叶片净光合速率　　　　　　图4-22　9月叶片蒸腾速率

2.水分利用率和光能利用率的日变化

　　四种模式分别在5月、7月和9月测得的叶片水分利用率（WUE）日变化如图4-23至图4-25所示。10：00时，在7月和9月份，测得的叶片水分利用率相对5月份较高。5月份，M2的WUE变化趋势为先升后降再升高。M4的WUE随着时间的推移，持续降低。M1和M3的水分利用率在各个生长季，日变化总体表现为先降低，在14：00—16：00后升高。

　　四种模式在5、7、9三个月份测得的叶片光能利用率（SUE）的日变化如图4-26至图4-28所示。M3在5月和7月份的光能利用率较强，在9月份相对较弱。7月份，在10：00时，各模式的光能利用率较强，保证了光合作用的进行。9月份，各模式的光能利用率的日变化表现较平缓，SUE值在1.08%～2.27%范围之内。

　　光合作用是植物最重要的生理过程，是评价植物第一生产力的标准之一（唐建宁，2006），植物源叶净光合速率（Pn）是光合作用中最主要的生理参数，反映了光合作用的强弱，影响着作物的生物产量和经济产量。本研究得出，四种栽植密度下的枣树叶片光合速率不同，在各个生长季，M3表现较高，且高于其他模式。M4在5、7、9月份净光合速率较低，说明密度低，水分利用率较高，但在夏季高温时，空气湿度较小，叶片水分亏缺，光合作用相对减弱。蒸腾速率（Tr）是反映植物蒸腾作用的一个重要指标，它能调节植物体的生理机制，使植物适应环境变化（郑淑霞，2006），光合速率和蒸腾速率呈显著正相关。本研究结果表明，M4测得的Tr低于其他各模式，说明并不是密度越低，蒸腾速率越高，蒸腾速率还受外界环境因子如光强、空气湿度、大气温度等诸多因素的影响（王润元，2006；贺康宁，2003）。水分利用效率（WUE）是净光合速率和蒸腾速率的综合反映的结果。本研究表明，不同栽植密度下枣树的WUE有明显差异，7月份，枣树处于生长旺季，对水分的敏感程度较强，利用率高。光能利用率（SUE）是指植被通过光合作用固定太阳能的效率，表现为一定光能下植被通过叶片光合组织固定的碳量，光能利用效率反映了植物对不同光强的利用能力。红枣在各个生长季所需的光照强度不同，光能利用率也不尽相同，M3 在整个生长季表现较高的光能利用率，满足了树体生长和枣果发育的光能条件。与其他各模式相比，M3 在各个生长季节光合速率、蒸腾速率较大，表现较强的光能利用率和水分利用效率。从光合作用的角度综合考虑各指标得出，M3：4995 株/hm²效果为佳。

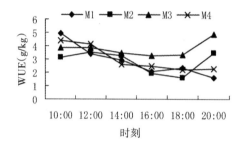

图4-23　5月水分利用率

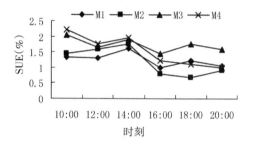

图4-24　5月光能利用率

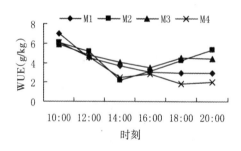

图4-25　7月水分利用率

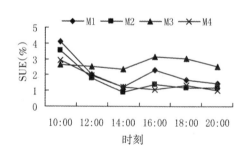

图4-26　7月光能利用率

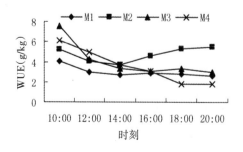

图4-27　9月水分利用率

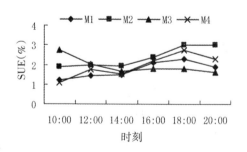

图4-28　9月光能利用率

（二）种植密度对骏枣果实性状、产量和品质的影响

不同栽植模式下红枣果实大小和产量差异的情况如表4-7所示，M3的单果质量最大，且和其他模式差异显著。M4的纵径、横径较大，果形指数相对较小，纵、横径大于M3，但单果质量小于M3。随着栽植密度的增加，产量先逐渐增加，然后由于密度过大，产量开始减小，M3的产量在各处理中表现最高，为501.92 kg/亩，与其他各处理相差显著。

表4-7　不同栽植模式下红枣果实大小和产量的差异

模式	单果质量(g)	纵径(mm)	横径(mm)	果形指数	亩产量（kg/亩）
M1	25.26b	49.58c	33.89c	1.46a	240.10c
M2	24.25b	47.05d	35.21c	1.34b	383.23b
M3	31.93a	53.36b	39.25b	1.36b	501.92a
M4	28.82ab	56.14a	42.20a	1.33b	182.00d

注：数据为平均值。同列不同小写字母分别表示LSD差异达显著水平（$P<0.05$）。

矮化密植栽培成为南疆骏枣幼龄期种植的模式之一，主要依靠提高单位面积株数来提高单位面积产量。对骏枣幼龄期不同种植密度下的骏枣产量的测定结果表明，M3的产量明显高于M4，增加栽植密度能增加红枣单位面积产量；M1、M2的产量低于M3，枣树密植栽培并不是越密越好，密度的增加导致群体之间和个体之间对光照、水分的竞争加剧，导致单株产量和品质降低。红枣生物产量和经济产量的提高，不能仅靠增加单位面积的植株数，而应在保证一定栽植密度的情况下努力提高单株产量来增加枣树的经济效益。骏枣幼龄期栽植密度以M3，即333株/亩（1 m×2 m）效果为佳。在实际栽培管理中，应结合整形修剪技术，确保通风透光，提高树体同化能力，从而取得更好的产量、品质效益。

第二节　栽培技术调控

枣树是喜光树种，枣树与一般果树相比，枝叶稀疏，成枝力弱，这与它的喜光特性是分不开的。光强的部位，枣头生长充实，节间也短，枣吊发生多，结果量及单果重均高且着色好，病虫果少，因此，通过修剪调整枝叶量及其在

树冠中的合理分布，使全树获得充分的光照，是枣树丰产优质的必要条件。

一、整形修剪调控

（一）修剪时期

根据季节不同可分为冬季修剪和夏季修剪。修剪的目的是调整树体结构，均衡营养，提高坐果率，使枣树保持稳产和高产。冬季修剪常用方法：短截、打尖、回缩、疏枝、分枝处换头、落头等。夏季修剪的常用方法：枣头摘心、抹芽、疏枝、曲枝、除萌蘖。

（二）修剪原则

1.通风透光

枣树是喜光果树，自古就有"枝叶稀疏枣满头，枝叶稠密吊吊空"的说法，因此修剪必须坚持通风透光的原则。

2.培养良好的树体结构

根据不同的栽植方式，株行距比较大的，可整成小冠疏层形，多主枝纺锤形；大行距，小株距，可整成单轴主干形，关键在于充分利用空间，枝条分布均匀。目的是通过拉枝、修剪等手段均衡营养生长与生殖生长，使树势缓和，且具有良好的树体骨架结构确保一定的挂果量。

3.合理利用枣生物学特性

枣头枝的单轴延伸能力较强。直播密植枣园中应严格控制新生枣头数量和节数，才能更好调控营养生长和生殖生长的转变。

枣树成花容易。直播园应在枣花芽当年形成这一特点上，加强夏季修剪工作，尤其是"三摘"工作（枣头摘心、二次枝摘心、枣吊摘心）。

枣树物候期严重重叠。直播枣园修剪工作要严格按物候期进行安排，从小着手，冬夏结合，以夏为主。枣树营养枝向结果枝的转化较为容易。枣树的隐芽寿命长，多用于枝组的更新。枣树主芽有一剪子堵两剪子出的习性。

矮化密植枣园控冠整形修剪应遵循"前促后控、堵上放下、冬夏结合、夏剪为主"的原则，对主枝和侧枝的培养，前期采用刻伤、扎缢、长放等措施促进萌发生长，后期当枝条达到年度和树冠要求时采用摘心、短截、环割、开甲等措施控制延长生长。枝势调整采用"撑、拉、扭、曲、别、摘"等措施，调整枝干、侧枝的夹角与方向，缓和树势，使其达到每立方米树冠有结果母枝（枣股）90～120个。

（三）密植枣园整形修剪特点

1.树形小冠化，树体结构简单化

密植枣园密度大，留给单株的空间变小，树形上多采用小冠树形，简化树体结构，并且树形趋于扁平。常采用树形有主干疏层形、开心形、Y字形、扇形、柱形、篱壁形等。树高一般都控制在2.5 m左右。主干疏层形一般为两层主枝，侧枝数、枝组数都相应减少。

2.夏季修剪更显得重要

与稀植园相比，密植园树形要求更为规范，树形的培养和结果枝组的培养更依赖于生长季的修剪。抹芽、刻伤、拉枝、摘心、疏枝等成为密植园修剪的主要手段，而休眠期修剪任务相对减少。

3.促进坐果的环割、环剥等修剪措施应用提前且广泛

密植园树体矮小，营养集中且运输通畅，前期表现营养生长旺盛。因此，除利用摘心等控制营养生长以外，往往在早期利用环割或环剥促进坐果，以果压冠。由于幼树主干较细，结果初期多采用主干、主枝环割，主干粗壮后多采用主干环割。

4.疏枝是防止枣园郁闭的重要手段

密植枣园修剪上最易出现的问题是枝量过大而使枣园郁闭，及时疏除内膛过密枝是密植园中后期的重要任务之一。同时严格控制延长枝的生长，及时回缩和落头，保持一定的冠积和枝量。

（四）幼龄骏枣园常见整形修剪技术

1.酸枣直播嫁接骏枣幼树常用修剪技术

定干：对栽植当年生苗，在一定高度（一般为50 cm左右），将其以上部分剪掉，同时将所有二次枝一次性剪除。另外，针对直径1.2 cm以上的树体，在60 cm左右将其以上部分剪掉，同时疏除剪口下的第一个二次枝，利用主芽萌发形成中心干，再在其下部选3个生长健壮的二次枝，留1～2节枣股短截，利用枣股主芽萌发形成一次枝而培养出第一层的三大主枝，其余二次枝疏除。

短截：剪掉一年生枣头枝和二次枝的一部分，其作用是刺激主芽萌发形成新生枣头。对于枣头枝的短截，应同时疏除剪口下的第一个二次枝，即"两剪子出"。对于二次枝的短截，针对没有进行夏季二次枝摘心处理的，保留6～8节枣股，将先端轻细弱的部分剪掉，有利于集中养分。

缩剪：有回缩和压缩之分，即剪掉多年枝的一部分，常用于多年生枝的更新复壮，中心干的落头开心，以及利用背上枝、背下枝开张或抬高角度。

疏剪：也叫疏枝，将枝条从基部疏除。主要疏枝对象：病虫、枝、干枯枝，并生枝、重叠枝、竞争枝、细弱枝、交叉枝、衰老枝等。

变向：采用人工方法使枝条改变生长的角度和方向。常用的有：拉枝、撑枝、坠枝、里芽外登、背后枝换头等。

刻芽：主要在萌芽时期进行。对于需要抽生枝条部位的芽体，在芽体上方，刻成月牙状的伤口，以阻止营养物质上送而就近供应，促使芽体萌发成枝条，枣树刻芽应在疏层芽体上方的二次枝后，在二次枝上方刻芽。

摘心：主要用于枣树的生长季节，有以下几种方法：摘除枣股主芽，以保留2～3个枣吊，集中养分促使枣吊开花坐果。二次枝长度达到5～6节，将其先端摘心。一次枝生长达到一定长度，摘除顶部嫩梢，控制其加长生长。

抹芽：保留抽生枝条的芽体外，将嫩芽从基部抹除。有三种情况：新栽植树萌芽后，保留剪口下4～5个健壮芽体外，其余从基部抹除；对多年生树，除保留培养枝条的芽体外，将二次枝基部萌芽的芽体以及隐芽萌发的芽体抹除；抹除树干基部发生的萌蘖。

扭枝：分为扭梢和扭枝。扭梢是将当年新生枣头或半木质化的二次枝，向下扭转，使木质部和韧皮部裂而不断，缓和长势，开张角度。扭枝是在树液流动时，对于过于旺盛的粗壮的二次枝或一次枝，将其扭转，作用同扭梢一样。

2.缺少枝条的幼树树形的改造

（1）"一长两短"树体（有中心干，但三大主枝还缺一个主枝）修剪

在主干位置上寻找前一年已萌发而只长枣吊未长枝条的芽体，直接进行刻芽处理，促发枝条；在中心干上选一健壮的二次枝留一节枣股短截，培养枝条；在中心干上选一二次枝，从基部疏除，再加上刻芽处理，促发主芽萌发形成枝条。

（2）"一长一短"树体（只有两个枝条，其中一枝为中心干，另一枝为三大主枝中的一个主枝，还缺两个主枝）修剪

对已有的两个枝条延长头进行短截，继续扩冠；对缺枝条的部位，采取刻芽、短截两边枝，即在主干上寻找前一年已萌发但未长出枝条的芽体刻芽，培养出一个枝条，其次在中心干上选一二次枝短截培养另一枝条。

（3）"有长无短"枣树（定干后，全树只有一个枝条）修剪

生长势比较旺盛，且生长量较大，对延长头进行短截。其次，培养另外三大主枝；在距地面40～60 cm的部位，选3个生长健壮的二次枝留一节枣股短截，促使枣股主芽萌发形成三大主枝；生长势较弱的树，重新定干，即在距

地面60 cm左右部位，将以上部位剪掉，并清除所有二次枝，利用二次枝基部主芽萌发形成新的枝条。

（4）"无长无短"树体（只长枣吊，没有抽生枝条，或只长出极短的枝条）的修剪剪掉枯死部分，甩放。

以上树体修剪方法，基本概括了嫁接后第二年进行调整的整形修剪（春剪）情况，但应将整形修剪常用的十二种方法综合运用，要做到因枝修剪，随树造形，长远规划，全面安排、以轻为主、轻重结合，从而达到均衡树势，主从分明的"三稀、三密"标准。即上稀下密，外稀内密，大枝稀、小枝密的树冠。切忌盲目修剪，还应认识到枣树的修剪不光是春剪，而是将一系列的修剪方法应用于整个生长周期，夏季修剪也是一项重要内容。

（五）成龄骏枣园常见整形修剪

密植骏枣园树形要从生产实际出发，随枝作形，因树修剪，顺其自然，因势利导，以结构合理为最终目标。枣树传统栽培一般树形可培养为小冠疏层形、多主枝纺锤形、"篱壁形"、单轴主干形、"Y"形等多种。

1. 小冠疏层形的培养

第一年，留80 cm干高短截，在整形带内选取三个方位不同的二次枝，在第2～3个枣股处短截，促其萌发新枝，在树干顶部保留一个二次枝，其余全部疏除。这样培养出的主枝自然开展角度大，生长势容易控制。生长季节除留作主枝培养的外，其他萌芽随出随抹除，也可进行强摘心，只留基部枣吊，增加树体营养面积。当主枝长至7～10个二次枝时进行摘心，摘心时最顶部的二次枝方向朝外。一般情况下当年就可配齐第一层的三个主枝，若当年不能配齐的，可在下年继续培养。

第二年，剪除顶部所留的二次枝，促其腋芽萌发抽枝，待新枝长至7个二次枝时摘心。对主枝的修剪，是从顶部二次枝的第二个枣股处2 cm外剪除，促其萌芽抽枝，以延长主枝；待新枝长到6个二次枝时摘心。同时用拉、撑枝方法调整主枝角度和方向，一般要求三主枝之间夹角为120°，主枝与中央干枝夹角不大于65°。

第三年，在距第一层主枝80cm以上的二次枝中选方向合适的两个二次枝，间距20～30 cm，在第二个枣股处短截促其萌芽抽枝，延长培养出第二层两个主枝（具体做法与培养第一层主枝相同），要求第二层主枝与第一层主枝不重叠。在第一层主枝上各选方向一致的一个二次枝在第三个枣股处短截，促其抽枝培养第一批侧枝。当新枝长到4～6个二次枝时摘心，对有空间的萌芽抽生新枝，留3～5个二次枝摘心，没有空间的萌芽必须抹除。

第四年，在第一层主枝第一个侧枝对方培养第二个侧枝，在第二层主枝上培养一个侧枝，中心枝上再向上长3～5个二次枝摘心，整形即完成。冠幅在1.8～2.1 m，冠高2.3～2.5 m，主枝5个，侧枝6～8个。

2.多主枝纺锤形的培养

第一年，80 cm高定干，在距地面50 cm以上的二次枝均留，在二次枝2～3个枣股处短截，促其萌芽，在生长期选位置合适方向错开，生长势强的新生枝条做主枝培养，其余枝疏除。当新枝长到6～8个二次枝时摘心，并及时拉枝调势。中心干萌发新枝长到8～10个二次枝时摘心，对不做主枝培养的萌芽强摘心或抹除。在培养主枝时要保持枝间距离不少于20 cm。

第二年，剪除主枝顶部二次枝，促其生长，新枝长至8～10个二次枝时摘心。中心干上所留的二次枝全部留2个股芽短截，进行第二轮主枝培养（方法和上年相同）。

第三年当所配主枝长到6～8个二次枝时摘心，在中心干上进行第三次主枝配置，当第三次培养的主枝长至6～8个二次枝时摘心，中心干再向上长出5～6个二次枝为度，整形结束。冠幅在1.9～2.2 m，冠高2.5 m以下，有8～10个主枝，各主枝层间距20 cm左右，各主枝与中心干夹角50°～60°，主枝上结果枝分布合理。

3."篱壁形"树形培养

篱壁式树形结构由中心干、主枝、结果枝组组成。树形分2层，第1层距地面60～70 cm，层间距均为80～100 cm，树高控制在2.5～3.0 m。

当树体萌动后，在原有的三大主枝或多主枝中，顺行向挑选两个，分别向两侧用铁丝拉成110°，将多余的主枝和枣头全部剔除。待发芽后，在拉直的主枝上，每隔30～50 cm保留一个新生枣头，其余全部抹除。当新生枣头长出4～5个二次枝时及时打顶，保证二次枝的长度。

第二年，针对上一年枣头靠近直立干的位置处通过刻芽和涂抹发枝素等方式发出新生枣头，当新生枣头长出3～4个二次枝时及时打顶，保证二次枝的长度，其他枣头保持原状不动。第三年，在新生枣头顶部采取"一剪堵两剪出"，在二次枝上发出一个枣头。第四年，在拉直枣头的二次枝上每隔30～50 cm保留一个新生枣头，其余全部抹除。当新生枣头长出4～5个二次枝时及时打顶，保证二次枝的长度。

4.单轴主干形树形培养

确定一个主干（中心干），树干（第一主枝距地面）高度80 cm，树高2.5 m，主干上直接着生9个结果枝组（利用枣头枝培养），每个结果枝组上着生7～9个二次枝，每个二次枝上留5～7个枣股，每个枣股3～4个枣吊，每个枣吊3～4个枣。

第一年冬季修剪时，回缩或疏除部分原有大型主枝，做到不交叉不重叠为宜，中心干暂不延长，保持现有株高，主要研究利用主干上的二次枝促发枣头培养结果枝组的能力。夏季修剪时，通过刻芽、抹芽等技术措施，重点培养中下部结果枝组，确定主干上着生结果枝组（利用枣头枝培养）的数量。

第二年冬季修剪时，疏除剩余的原有大型主枝，将现有主枝进行回缩，即采用"一剪堵两剪出"的手段利用中干上的二次枝，促发枣头，培养中心干延长枝和结果枝组；中下部脱空的中干进行重回缩促发枣头，重新培养中心干，研究中心干延长时结果枝组的结构及部位。夏季修剪时，通过打头、抹芽研究中心干延长枝枣头上二次枝的数量及长度。

第三年，基本上不再修剪，只清除个别多余的新枣头，并进行两次环割；待结果枝组过于粗壮，开始大量冒芽或过分衰弱后，及早回缩更新。

5."Y"形树形培养方案

"Y"字形树形又称斜式倒人字形，由开心形演变而来。干高50～70 cm，南北行向，2个主枝分别伸向东南和西北方，呈斜式倒人字形。主枝腰角70°，大量结果时达80°，树高2～2.5 m。

第一年，在基部三主枝处，短截中心干和其中一个东西向的主枝，分别在南北向主枝的第一个二次枝处短截，重新培养新生枣头，保留4～5个二次枝打头。第二年，分别在新生枣头顶端处通过"一剪堵两剪出"的措施继续培养新生枣头，最终，每个主枝上保留4～6个枣头，每个枣头4～5个二次枝。

（六）盛果期骏枣修剪措施

定植6年后，枣树以生殖生长为主。此时树体已经长大，树冠交接碰头，无论是个体还是群体，都有光照不足的危险。此时修剪的主要任务是通风透光，培养新结果枝组。在修剪时，要注意多留外围枝，骨干枝上有发展前途的枣头，以及具有大量二次枝和枣股的结实能力强的枣头。这样可以使树冠不断地扩大，逐年增加结果面积，达到高产稳产的目的。对于下垂枝、衰弱枝、过密枝、交叉枝、细弱斜生重叠枝、病虫枝和干枯枝以及位置不当的徒长枝，要及时进行修剪除掉，改善通风透光条件，提高产量和果实品质。主要技术措施为：

间移：对株行间留用的临时性植株，应彻底间移或伐掉，以腾出空间，打开光照，保证植株正常生长。

回缩：树冠高度、宽度超过整形要求，需及早对主干、主枝回缩，防止上强下弱，结果部位外移。

疏枝：对树冠内膛，各层枝组间直立、交叉、重叠，枯死的枝条，应彻底疏除。

枝组培养与更新：每3～5年进行一次，并做到及时培养，及时更新，维持树势，延长结果年限，实现长期优质高产。

（七）密植骏枣园丰产群体结构特征

1.营养面积利用率高，树冠交接幅度适当

营养面积利用率的高低，与果实产量是呈正比的。营养面积利用率，通常是和栽植密度、枝叶总量、树相以及立地条件和管理水平密切相关的。适宜的营养面积利用率，是优质、丰产的外观标志，也是优质丰产的基础。据对新疆枣产区的调查，成龄丰产枣园的营养面积利用率，一般不低于75%，不超过80%；超过80%之后，由于相邻行间、株间相互遮阴，对果实质量、产量易产生不良影响。枣园树相越整齐，营养面积利用率也越高，质量、产量也有保证。因此，在整形修剪过程中，对幼龄果园，要尽快提高其营养面积利用率；进入盛果期以后，则应通过修剪，维持其最适宜的营养面积利用率。而进入盛果期以后的枣园，树冠往往容易交接，但只要不超过20%，相互之间的影响是不大的。树冠交接率大于20%，便易造成枝叶密集，群体光照不良，导致减产和果实质量下降。

2.枝量充足，分布均匀

从生产实践中看到，在长势稳定的丰产枣园中，每生产1000 kg枣，需要20万～40万个的枣吊，才能保证所需营养。按一个二次枝8～12个枣吊，每亩枣园的适宜二次枝量为1.5万～4万个。幼龄园，枝量宜适当多些；成龄园的枝量，可适当少些，但也不宜过多。枝量超过30万条/公顷以后，会因枝叶量过多，树冠郁闭，通风透光不良，枝、叶质量下降，无效短枝增多，营养积累不足，下部枝组衰亡，导致质量、产量下降，影响经济效益。

丰产群体结构，除要求充足的枝量外，还应保持健壮、稳定的长势，其指标是：外围新枣头年生长量达40～60 cm，枝条粗壮、充实；二次枝五节左右，花芽健壮、饱满，这是维持成龄果园长期优质、丰产的基础。对这类果园进行修剪时，应适当加重对骨干延长枝的短截，并剪截在饱满芽处；外围枣头总量控制，不能过长延伸；修剪量要稳定；根据品种不同，注意调节新生枣头枣吊和多年生枣股枣吊的比例，使其保持在1：3左右；维持骨干枝的适宜开张角度。对开张角度过大的骨干枝，可适当回缩，抬高其角度，对开张度小的骨干枝，可采用坠、拉等办法予以开张。

3.总叶量多，叶面积适宜

叶面积的大小，在一定的范围之内，和产量的高低呈正相关，但这并不是说，叶面积越大产量就越高。但枣园的总叶量过大，便会相互遮阴而影响光照，降低光合效能，减少营养积累。果园立地条件不同，总叶量的多少可以有所区别，适宜的叶面积系数，宜保持在3.5～4.0。树龄不同，品种不同、立地条件不同，叶果比和吊果比也不一样。一般情况下，叶果比以（8～10）：1，吊果比以1：（3～5）为宜。

4.花量充足，坐果适量

在栽植密度适宜，枝量适中的前提下，花朵坐果率保持在1%～2%较好，每公顷枣吊留量2.5万～5万个，适宜的留果量：骏枣8万～10万个/公顷。根据目前丰产园吊果比，均认为以1：4最为适宜。在不同地区针对不同树龄，具体细化相应的留果标准和产量目标。

维持合理的树体和群体结构，首先要维持树冠有一定的大小，既要注意避免因长势减弱而加重修剪，造成树冠缩小，覆盖率降低，结果体积减小，又要防止骨干枝无限延长，增加树体交接，果园覆盖率过大，从而出现通风透光不良的后果。为克服上述不良现象，应注意对骨干枝的缩放修剪，使果园覆盖率长期稳定在75%左右，保持骨干枝适宜的开张角度和枝组的健壮长势，保持适宜的叶幕层次，使冠内通风透光良好，上下和内外的枝组长势均衡，成花结果良好。通过稳定修剪量和结果量，稳定总枝量、枝类组成和枝质。主要是对枝组的细致修剪，并不是加重修剪量，而是通过疏弱留强，减少无效枝，调整花量，维持全树的健壮长势，稳定结果枝组的结果能力。

（八）密植枣园树形管理趋势

1.矮化宽行密植栽培

矮化宽行密植栽培是继直播建园后的又一种新型栽培模式。以宽行密植为基础，将现有的过密枣园降低株数，5～10年骏枣园保留株数在110～165株/亩之间，株高2.5～3 m。调整时先确定窄行中的"永久行与临时行"、永久行中的"永久株与临时株"，永久保留的树放出枣头、按主干形或高纺锤形培养，临时行和临时株按一定枝条量严格控冠，从第三年开始根据树势强弱逐年进行疏除，在3～5年内调整完毕。

矮化宽行密植栽培模式行间通畅，提高了树体的有效光能利用区，适宜机械化作业，一般成形后行间保持1.5～2 m的通道。同时彻底解决了果园密闭问题，枣树没有层间距，传统枣树层间的部分空间转移到行间，有效光能利用区域并没有减少，既不降低产量，又方便工作。另外，此模式采用了有效的控冠措施，横向枝（主枝）都很短，树形上采用主干、主枝（横向枝）、结果枝的三级结构，大大地提高了果树的通风透光能力，提高了果实品质和花芽质量。

2.简化树形结构级次

传统的大树形、多主多侧、多级次，树体60%以上的营养用在生长新梢、枝干，只有少数营养用于结果，且冠内外矛盾较多，难以调控，不便管理，树冠内膛光照差，冠内、冠外果实质量差异也大。传统果树树形为五级结构：主干-主枝-侧枝-结果枝组-结果枝，结构级次过于庞大繁杂。简化树形结构既由原来的五级结构变为现在的三级或二级结构，即：主干-横向枝-结果枝或主干-结果枝。这种三级结构相对应的树形具有成形快，不需要花大量的时间培养树形骨架结构；结构简单，容易学习掌握；枝类构成合理，较高的结果枝与骨架枝比，保证了连年丰产和高的投入产出比；养分运输路线短，效益高；省工省力。

3.适当轻剪，适度留枝，以树为主

传统的果树整形修剪过重，易破坏地上部与地下部的平衡。靠冬季重剪枝，减少生长点，使留下的枝芽相对多获得了水分和营养，从而起到了助势发条的作用。幼树期间冬季修剪量愈小，树体发育愈快，生长量愈大；剪掉的枝条愈多，对根系的不良影响愈大，对树体的削弱愈重，树势不容易稳定。成龄树，若轻剪过度，枝量过大，也会造成光照不良。故幼树应轻剪多留，成龄树在不影响光照的前提下也应尽量轻剪。

二、花果管理调控

俗语说枣树是"百花一果"，可见枣树的自然坐果率极低，枣树花期管理的主要任务是以提高坐果率为主的开甲、摘心、放蜂、喷施生长调节剂、喷水等技术措施。

（一）枣树坐果率低的原因

枣树花期长、花量大，开花方式与其他果树不一样，它的发芽分化是当年形成当年分化，而且是连续分化，分化量大，枝条生长、花芽分化、开花坐果及幼果发育同时进行，枣树的营养生长与生殖生长2个高峰期重叠，需要加倍的营养供应，但根吸收能力不强，而且缺乏花芽分化、幼果膨大所需的特殊营养元素。这些是造成枣树坐果率低的主要原因。其次，不良的气候条件也是造成落花的原因。枣树花朵受精最适宜的温度是气温24~26℃，相对湿度75%~85%，花期如遇干旱、低温、高温、多风、连阴雨等不良天气，会导致花粉的寿命缩短，萌芽力下降，造成授粉受精不良而引起落果。最后，内源物质不足，枣花、枣果发育受内部生长物质的调控，当内部生长物质不足时就会产生落花落果现象，内部生长类物质的产生受树体自身营养水平影响，也是调控的重要依据之一。

（二）枣树落花落果的原因

枣树花期长、花量大，但落花、落果非常严重，导致大量养分流失，也影响了产量，同时由于调控措施的不当，直接导致枣品质的下降。

1. 落花原因

落花是指植物发育过程中，生理原因或受到外界环境不良导致花柄形成离层而引起花朵非正常脱落的现象。落花分为生理落花和非生理落花。生理落花是指由于植物体本身的生理失衡所引起的花朵非正常脱落的现象。非生理落花是指外界环境如病虫害、大风、连续降雨等对花朵外力因素所造成的落花现象。枣树开花量大，10年生壶瓶枣树开花50万朵以上，如此大的花量不能全部发育形成果实，落花严重，规律性较强。不同枣品种落花量不同，据宋锋惠等（2012）对阿克苏市灰枣、冬枣、骏枣、赞皇枣四种主栽品种落花率观察，由低到高依次为：灰枣（50.00%）＜骏枣（53.70%）＜冬枣（55.26%）＜赞皇枣（64.28%）。第一次枣花脱落在盛花期后1周左右，第二次在盛花末期10 d左右。最大的落花高峰大约在6月中下旬至7月上旬，这时落花量约占落花落果总量的50%以上。在多年生枣股产生的枣吊上，未能坐果的花都会在开花后5~15 d脱落，同时由于同一枣吊上不同花的开放时间不同，其开花顺序先后相差3周左右。因此，落花从始花后1周开始，两次高峰后，落花缓慢减少直至花期结束。

2. 落果原因

（1）树体营养不良、夏季修剪不及时。枣树的枝叶生长与花芽分化、开花、结果同步进行，且花芽量大，花期长，整株花芽分化2个月左右，营养生长和生殖生长互相竞争，营养的矛盾十分突出，易导致大量落花落果。另

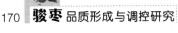

外，枣树的夏季修剪不到位。骏枣抹芽不及时或当年培养的新生枣头较多，树体结构不合理，新生枣头的营养生长期和已进入生殖生长的开花坐果期相叠加，由养分竞争不均衡造成落花落果现象严重。

（2）水分失调。同一作物不同生育期对水分的需求量不同，其中在作物开花期蒸腾量达最大值，耗水量也最多。干旱、捞淹通过影响植物花期内源激素水平，进而影响花器官脱落。枣树虽然耐旱，但在新梢生长和果实发育期需要较多水分，如遇严重干旱或久旱后骤降大雨而导致土壤水分变幅过大，使树体水分失调，从而造成大量落果。

（3）有机养分不足。枣树在生长季节，如遇连阴雨或枝叶过密，引起光照不足、通风不良，光合作用制造的有机养分少；或者结果过多、修剪过重、萌芽期肥水过量而引起枝梢徒长与果实争夺养分；或早期落叶、土壤贫瘠、肥水不足、前一年结果过多、枝叶徒长，造成树体及枝条内有机养分亏缺，导致大量落果。

（4）激素代谢不平衡。枣树落果是由于果柄处形成离层所致，而离层形成与内源激素如生长素 IAA、脱落酸 ABA 和细胞分裂素等有关。自然落果时期正是果实中生长素含量低的时期，生长素含量高时，落果率低。

（5）坐果时机的把握不准确。气候环境因子的把控不强，枣树最佳坐果时机掌握不准确。若盛花期坐果时恰逢高温天气，持续出现焦花现象非常严重，俗话说："干旱热风枣焦花，阴天小雨枣满挂。"另一方面若枣树盛花期来临时，未能准确把握开花量，导致应用植物生长调节剂的次数不断增加，由于单纯的 GA_3 在促进授粉受精的同时，也会加快枝条和枣吊的营养生长，养分竞争激烈加剧，导致落花落果。

（三）优势花序管理技术

1.内外源激素协同调控

当枣吊 3～10 节位、单花序分化到 3 级或者多数单株开花量达到 40% 左右，枣花蜜盘发油亮时为最佳调控时期，选择晴朗无风天气 18：00 点后，用赤霉素与硼肥混合施用促进坐果提早，赤霉素 1 g 用酒精溶解后兑水 100 kg，加入硼肥 30 g 混合均匀喷施，间隔 7～10 d 第二次喷施。喷施时，应均匀喷洒在叶片上，喷施量以叶片不滴水为准；喷施压力不宜过大，以免将已开花朵冲掉，喷施后，如果 48 h 内遇雨需重新进行喷施。

幼果期喷萘乙酸，生理落果期喷三十烷醇等进行外源激素的补充，使树体内源激素达到平衡。

2.摘心促花早果调控

摘心即在生长季节摘除枣头顶端嫩梢的一部分，在生长季节都可进行，萌芽期主要对枣股上萌发出的枣头进行摘心，增加木质化枣吊的数量；夏季主要对各级骨干枝的延长头进行摘心，抑制树体营养生长，使骨干枝健壮生长。摘心包括枣头（一次枝）摘心、二次枝摘心和枣吊摘心。

（1）枣头摘心

枣头摘心能有效地控制树体延长生长，促进下部二次枝、枣吊生长及加快花芽分化和花蕾形成，使其提早开花坐果。萌芽期摘心，枣树萌芽期从枣股上萌发出枣吊和枣头，当枣头生长2～3个二次枝时，保留基部1～3个二次枝进行重摘心，也可保留基部的枣吊摘心。生长期摘心，对留作结果枝组的枣头，根据空间大小和枝势强弱进行不同程度的摘心。空间大、枝势强，在出现4～5个二次枝时摘心；空间小、枝条生长中庸，需培养中小型枝组时，可在枣头出现3～4个二次枝时摘心；生长势特别旺盛的枝条，可进行2～3次摘心，以控制生长，积累养分，提高坐果率。对主干和主侧枝延长头一般在枝条停止生长前进行轻摘心，摘去顶尖1～2节嫩梢，使剪口下的枝条发育充实。

（2）二次枝摘心

二次枝摘心标准为植株下部1～3个二次枝长到6～7节时摘顶心，中部4～5个二次枝长到4～5节时摘顶心，上部二次枝长到3～4节时摘顶心。高水肥条件下，当枣头通过摘心保留的3～4个二次枝长到自然下垂时，摘除其顶端细嫩部分，以免二次枝会重新萌发枣头，同时可有效提高坐果率。

（3）枣吊摘心

于初花期或枣吊长到20～25 cm以上时进行，或者对枣吊留12～15片叶时摘心即可，脱落性枣吊的优势花序主要在4～12片叶之间，这是坐果的集中有利位置。

3.叶面营养调控提质技术

枣果实品质形成过程中，叶面调控时间和所用肥料的种类与土壤肥料调控一致，一般在花蕾生长旺盛期、幼果迅速增长期、枣果缓慢增大期、枣果熟前增长期实施。

（1）花蕾生长旺盛期

叶面喷施0.5%的尿素、0.3%的硫酸铵、0.5%的磷酸铵等以氮肥为主的肥液和0.1%～0.3%的硼砂，每7 d喷施一次，共喷3次。

（2）幼果迅速增长期

叶面喷施0.5%的尿素和0.1%～0.3%的硼砂，促进植物生长，每7 d喷施一次，共喷2次。

（3）枣果缓慢增大期

喷施0.3%的磷酸二氢钾，或可用0.1%～0.2%的葡萄糖酸钙或氯化钙喷雾，或腐殖酸钙、氯化钙、过磷酸钙等利于枣果吸收的钙制剂，促进果实膨大和糖分积累。从7月中旬开始，每10 d喷施一次，共喷3次，时间选在早晚，避免高温。

（4）枣果熟前增长期

喷施0.5%的磷酸铵和0.3%的磷酸二氢钾等以钾肥为主的肥液。从8月中旬开始，每10 d喷施一次，共喷3次。

三、水肥高效利用调控

（一）"双区吻合式"高效灌溉技术

枣树在生长季对水分的要求较多。从萌芽到果实开始成熟，土壤含水量以保持田间最大持水量的65%～70%为最好。土壤解冻后至萌芽前，土壤水分上下限宜控制在田间持水量的70%～80%，幼树为减轻抽条要适当早灌水。展叶期控制在70%～80%；花前水、果实膨大水等应保持在田间持水量的65%～70%；果实成熟期控制在65%～75%，可较好地满足各生育期对水分的需求，每次灌水定额随生育阶段的不同而不同。5～8月根据土质条件和土壤干湿度适时调整滴灌次数，10月中下旬可灌溉冬水。要着重灌好发芽水、开花水、果实膨大水和果实成熟水等，保证关键时期的水分需求。根据骏枣需水规律及滴灌条件下土壤水分富集区分布特征，提出骏枣"双区吻合式"高效灌溉制度。

1.灌水定额

参照灌水量=666.7×（$\theta_{max}-\theta_{min}$）×土壤容重×计划灌水层深度/水的容重进行计算，灌溉深度0.6 m。

θ_{max}：土壤水分以保持田间最大持水量的90%。

θ_{min}：土壤水分以保持田间最大持水量的60%～65%。

2.灌溉时期

枣树生长季灌溉时期，根据枣树的物候期进行确定。

（1）萌芽期（04-01—04-19）

枣树萌芽比较早，一般在4月初，萌芽前灌水1次，灌水定额600 m³/hm²。

该期灌水可促进根系生长及对营养的吸收运转，有利于萌芽。

（2）展叶期（04-20—05-15）

一般在5月初灌水1次，灌水定额600 m³/hm²。此期灌水可加速叶面积扩增，有利于叶片光合产物的积累。

（3）初花期（05-16—05-28）

在初花期灌溉1次，灌水定额375 m³/hm²。有利于营养物质的吸收和花芽分化。

（4）盛花期（05-29—06-20）

该时期是枣头、枣吊、花芽分化、开花坐果等物候期重叠的时期，如水分不足，"焦花"现象严重，造成大量的落花落果。此时是枣树需水的关键时期，每隔7 d灌溉1次，灌水定额300 m³/hm²，共2次。

（5）末花期（06-21—07-10）

此时仍有部分枣吊在开花，但大部分处于幼果生长阶段，另外气温较高，蒸腾较大，故应加强水分的补给，每隔7 d灌溉1次，灌水定额450 m³/hm²，共2次。

（6）果实生长期（07-11—08-20）

在幼果迅速生长期，结合追肥进行灌水，可促进细胞的分裂和增长，是果实膨大的基础。此期水分不足，会使果实生长受到抑制而减产，降低枣果品质。每15 d灌溉1次，灌水定额375 m³/hm²，共3次。

（7）果实白熟期（08-21—09-10）

果实膨大与成熟的转折期，体积增长缓慢，但糖分、可溶性蛋白、次生代谢物质积累速度加快，白天气温较高，导致耗水量较大。此期灌水1次，有利于果实内糖分的转化，加快果实着色。灌水定额525 m³/hm²。

（8）果实成熟期（09-11以后）

果实进入成熟期后，随着太阳辐射强度降低，叶片蒸腾作用减弱，对水分的需求量减少，但由于距果实采收时间较长，为能进一步提高果实干物质积累，需灌水1次。灌水定额525 m³/hm²。

（9）冬灌水

为满足枣树休眠期树体水分生理需求并利于安全越冬，果实采收后，在土壤结冻前可灌水1次，灌水定额900 m³/hm²。

3.灌溉时间

土壤含水量降到田间持水量的60%～65%时进行灌溉，详见表4-8。

表4-8 骏枣滴灌灌溉制度

适用对象	灌水时期	灌水次数(次)	灌水时间(候)	灌水定额(m³/hm²)
枣树盛果期	萌芽前	1	4月第一候	600
	展叶期	1	5月第二候	600
	初花期	1	5月第五候	375
	盛花期	2	6月第二候	300
			6月第三候	300
	末花期	2	6月第五候	450
			7月第一候	450
	果实生长期	3	7月第三候	375
			7月第六候	375
			8月第三候	375
	果实白熟期	1	8月第六候	525
	果实成熟期	1	9月第二候	525
合 计		12		5250

注：候为时令名，5 d为一候，一年共七十二候

（二）多目标优化施肥技术

采用滴灌技术种植红枣与其他地面灌溉技术种植红枣的共同目标都是以创建高光效、低消耗、水肥利用效率高的群体结构为基础和前提，具体到生产实际就是根据不同生育阶段在生产上的栽培目标配套合理的栽培技术措施。骏枣矿质元素的吸收量是确定骏枣施肥的重要依据。在生产上可根据目标产量所需的养分量、土壤能提供的养分含量、所施肥料的有效养分含量以及当季利用率来估算出当季骏枣的施肥量。从试验可以得出，骏枣需肥量最多的第一个关键期在萌芽期至展叶期，此时是植株营养生长的关键期，主要以氮肥为主，磷肥为辅，为了促进植株枣吊、叶片的迅速生长，需肥量占总施肥量的60%以上。枣树需肥的第二个关键期在果实膨大期，此时为果实生长最迅速的时期，主要以钾肥为主，同时补充少量的氮肥、磷肥，满足这个时期果实的生长，可促进果实的发育，提高品质。因此，获得骏枣高产，要根据各时期的需肥特性施用适当比例的肥料。本研究根据目标产量法，集成骏枣需肥规律、氮磷钾大量元素的特性以及在枣树各物候期的不同作用，提出了骏枣"多目标优化"施肥技术。

1.基本原则

施肥制度的确定应根据枣园的肥力水平（表4-9）、枣树需肥规律及目标产量，确定合理的滴灌施肥制度。每生产100 kg鲜枣果实，需要纯氮（N）1.5 kg，纯磷（P_2O_5）1.0 kg，纯钾（K_2O）1.25 kg。

2.土壤肥力分级

枣园土壤有机质及养分含量高低的判断标准详见表4-9。

表4-9 枣园土壤有机质及养分含量高低的判断标准

项目	单位	低	中	高
有机质	%	<1	1～2	>2
全氮	g/kg	<0.6	0.6～1.0	>1.0
速效氮（N）	mg/kg	<75	75～110	>110
有效磷（P）	mg/kg	<20	20～50	>50
速效钾（K）	mg/kg	<80	80～150	>150

3.施肥

果实采收后或在枣树萌芽前，将腐熟的农家肥与无机肥拌匀后沟施（表4-10），其中氮肥占全生育期氮肥总量的60%，磷肥占全生育期磷肥总量的30%，钾肥占全生育期钾肥总量的20%。

表4-10 施肥推荐用量

产量(鲜枣)（kg/hm²）	肥力水平	农家肥（m³/hm²）	尿素（kg/hm²）	磷酸二铵（kg/hm²）	硫酸钾（kg/hm²）
12000	高	22.5～30.0	159.8	47.5	30.9
	中	30.0～37.5	234.8	77.5	90.9
	低	37.5～45.0	309.8	107.5	150.9
24000	高	22.5～30.0	394.6	125.0	121.8
	中	30.0～37.5	469.6	155.0	181.8
	低	37.5～45.0	544.6	185.0	241.8
36000	高	22.5～30.0	629.3	202.4	212.7
	中	30.0～37.5	704.3	232.4	272.7
	低	37.5～45.0	779.3	262.4	332.7

注：无机肥养分含量为尿素含46%N，磷酸二铵含46% P_2O_5、18%N，硫酸钾含33%K_2O，以下相同。

4.追肥

（1）肥料的选择

滴灌随水施肥要求追肥的肥料种类必须是杂质较少、纯度较高的可溶性肥料。目前用于滴灌随水施肥的氮肥有尿素、硫酸铵、硝酸铵等；钾肥有硫酸钾；磷肥有磷酸和磷尿；复合肥有硝酸钾、磷酸二氢铵、磷酸氢二铵等；微量元素主要有硼、铁、铜、锌等，其中以螯合态微量元素最优，可防止多种元素混配所引起的拮抗作用。

（2）肥料配比

滴灌红枣全生育期内氮、磷、钾肥的最佳需肥配比为 N：P_2O_5：K_2O=1：0.67：0.83。

肥料的配比在各个时期施用的效果区别很大，N肥应在5月10日前投入70%以上，P肥在花期结束时投入达60%以上，K肥在盛花期至果实成熟期间持续投入。

（3）追肥时期

萌芽展叶期施肥：要在枣树萌芽至展叶期施用，随水滴施氮肥量占全生育期氮肥总量的30%左右、施P_2O_5量占全生育期磷肥总量的9%、钾肥量占全生育期钾肥总量的14%左右，见表4-11。

表4-11　追肥推荐用量

施肥时期		萌芽—展叶期			花期—坐果期			果实生长期		
施肥次数（次）		1			3			3		
产量（鲜枣）（kg/hm²）	肥力水平	尿素（kg/hm²）	磷酸二铵（kg/hm²）	硫酸钾（kg/hm²）	尿素（kg/hm²）	磷酸二铵（kg/hm²）	硫酸钾（kg/hm²）	尿素（kg/hm²）	磷酸二铵（kg/hm²）	硫酸钾（kg/hm²）
12000	高	42.4	13.2	33.6	15.5	86.0	68.4	12.7	34.1	179.1
	中	117.4	23.2	63.6	23.5	108.5	90.9	15.7	49.1	209.1
	低	192.4	33.2	93.6	30.5	131.0	113.4	18.7	64.1	239.1
24000	高	160.8	36.5	97.3	39.5	194.4	159.3	28.3	83.1	388.2
	中	234.8	46.5	127.3	47.0	216.9	181.8	31.3	98.1	418.2
	低	310.8	56.5	157.3	54.5	239.4	204.3	34.3	113.1	448.2
36000	高	277.2	59.7	160.9	62.9	302.9	250.2	44.0	132.2	597.3
	中	352.2	69.7	190.9	70.4	325.4	272.7	47.0	147.2	627.3
	低	427.2	79.7	220.9	77.9	347.9	295.2	50.0	162.2	657.3

　　花期施肥：花前或初花期施肥，以满足枣树开花、坐果所需的养分，施肥量根据树体的大小和上年度产量而定，施肥方式采用滴灌随水施肥法。随水滴施氮肥量占全生育期氮肥总量的6%左右、施P_2O_5量占全生育期磷肥总量的42%、施K_2O量占全生育期钾肥总量的20%左右。

　　膨果肥：在枣果膨大期施用，可以促进果实细胞分裂膨大，减少营养落果，促进根系生长，随水滴施氮肥量占全生育期氮肥总量的4%左右、施P_2O_5量占全生育期磷肥总量的19%、施K_2O量占全生育期钾肥总量的46%左右。

　　5.滴灌水肥一体化操作

　　分三个阶段进行：第一阶段先用无肥清水将土壤表层湿润，一般滴灌1～1.5 h。第二阶段肥水同步施入，应注意肥料的注入速度不能过快，以免施肥不均匀。第三阶段用清水冲洗滴灌系统，滴灌1～1.5 h，一是使肥料分配到所需土层，二是防止肥水腐蚀滴管系统。施肥时应控制施肥量，保证管道中溶液的溶解性。例如鲜枣产量为2400 kg/hm²时的滴灌肥实施制度详见表4-12。

表4-12　成龄枣园滴灌专用肥推荐实施制度

适用对象	灌水时期	灌水次数（次）	灌水时间（候）	灌水定额（m³/hm²）	肥料种类	施肥量（kg/hm²）	备注
枣树盛果期	萌芽前	1	4月第一候	600	农家肥	30000	沟施
					配方肥	600	
	展叶期	1	5月第二候	600	滴灌专用肥	180	N:P_2O_5:K_2O=7:34:20
	初花期	1	5月第五候	375	滴灌专用肥	150	N:P_2O_5:K_2O=7:34:20
	盛花期	2	6月第二候	300	滴灌专用肥	120	N:P_2O_5:K_2O=7:34:20
			6月第三候	300	滴灌专用肥	150	N:P_2O_5:K_2O=7:34:20
	末花期	2	6月第五候	450	滴灌专用肥	150	N:P_2O_5:K_2O=7:34:20
			7月第一候	450	滴灌专用肥	120	N:P_2O_5:K_2O=4:12:37
	果实生长期	3	7月第三候	375	滴灌专用肥	150	N:P_2O_5:K_2O=4:12:37
			7月第六候	375	滴灌专用肥	180	N:P_2O_5:K_2O=4:12:37
			8月第三候	375	滴灌专用肥	150	N:P_2O_5:K_2O=4:12:37
	果实白熟期	1	8月第六候	525			
	果实成熟期	1	9月第二候	525			
合　计		12		5250			

　　6.叶面肥施用

　　枣树开花前：叶面喷施0.3%的尿素。

　　现蕾期：喷施硼肥1500～2000倍液或赤霉素、萘乙酸、吲哚乙酸等促进植物生长的营养物质。

果实膨大期：喷施磷酸二氢钾，或以乳酸钙、葡萄糖酸亚铁、葡萄糖酸锌、蔗糖等为主要成分的微肥，促进果实膨大和糖分积累。从7月中旬到9月底，每10 d喷施一次，时间选在早晚而避免高温。

参考文献

[1]郗荣庭.果树栽培学总论[M].北京:中国农业出版社,2003.

[2]何大富.柑橘学[M].北京:中国农业出版社,1999.

[3]沈兆敏.柑橘整形修剪图解[M].北京:金盾出版社,2009.

[4]樊秀芳,史联让,张建堂.矮化砧苹果整形修剪试验[J].陕西农业科学,1992(5):31-32.

[5]马宝煜,徐继忠.苹果树纺锤形整形的关键技术[J].中国果树,2000(2):33-34.

[6]胡德玉.柑橘树冠层营养和果实品质的空间分布及郁闭植株改造的生理响应研究[D].重庆:西南大学,2016.

[7]易时来,何绍兰,邓烈,等.修剪方式对柑桔树枝梢生长和产量的影响[J].中国南方果树,2008,37(6):3-5.

[8]龙柳珍,陶进科,韦锋.不同修剪方法对板栗枝梢生长及产量的影响[J].广西园艺,2008,19(3):22-23.

[9]朱雪荣.不同修剪程度对盛果期苹果树生长结果的影响[D].杨凌:西北农林科技大学,2013.

[10]方海涛,陈会杰,廖亮,等.温州蜜柑优质化栽培技术措施[J].温州农业科技,2002(4):7-9.

[11]王建林,胡书银,王中奎.西藏光核桃与栽培桃光合特性比较研究[J].园艺学报,1997(2):94-95.

[12]Kumar R, Chithiraichelvan R, Ganesh S, et al. Effect of different spacing and pruning levels on growth, yield and fruit quality in fig (Ficus carica L.) cv. Poona[J]. Journal of Applied Horticulture, 2015, 17(1): 52-57.

[13]Yeshitela T, Robbertse P J, Stassen P. Effects of pruning on flowering, yield and fruit quality in mango (Mangifera indica)[J]. Australian Journal of Experimental Agriculture, 2005, 45(10):1325-1330.

[14]Kumar M, Rawat V, Rawat J, et al. Effect of pruning intensity on peach yield and fruit quality[J]. Scientia horticulturae, 2010, 125(3): 218-221.

[15]杨祖艳.荔枝龙眼整形修剪技术研究[D].南宁:广西大学,2013.

[16]王家珍,李俊才,刘成,等.栽植密度对黄金梨生长结果的影响[J].中国果树,2007(3):13-14.

[17]杨留成,李鸿雁,李敬.栽植密度对杏李味帝产量的影响[J].湖南农业科学,2009(2):129-130.

[18]王玉荣.不同栽植密度杏园微气候特征研究[D].乌鲁木齐:新疆农业科学,2014.

[19]周道顺,马元中,孙文奇,等.枣树栽植密度试验[J].中国果树,2002(5):22-23.

[20]郝庆,樊丁宇,肖雷,等.不同密度和调控措施对枣树生长量和产量的影响研究[J].新疆农业科学,2013,50(11):2067-2071.

[21]袁军,石斌,吴泽龙,等.不同库源关系对油茶光合作用及果实品质的影响[J].植物生理学报,2015,51(8):1287-1292.

[22]娄善伟,帕尔哈提·买买提,王新江,等.种植密度对棉株氮素库源分配的影响[J].新疆农业科学,2014,51(5):785-791.

[23]盛宝龙,常有宏,蔺经,等.梨不同类型枝条叶片的光合特性比较研究[J].长江大学学报(自然科学版)农学卷,2007,4(2):6-8.

[24]朱亚静,李绍华,王红清,等.果实的有无对桃叶片净光合效率及相关生理反应的影响[J].园艺学报,2005,32(1):11-14.

[25] Proietti P . Effect of Fruiting on Leaf Gas Exchange in Olive (Olea EuropaeaL.)[J]. Photosynthetica, 2001, 38(3):397-402.

[26]武维华.植物生理学[M].北京:科学出版社,2003:19.

[27]段志平,刘天煜,张永强,等.枣棉间作系统棉花产量的形成与影响因素[J].干旱地区农业研究,2018,36(3):93-100.

[28]Urban L , Léchaudel M. Effect of leaf-to-fruit ratio on leaf nitrogen content and net photosynthesis in girdled branches of Mangifera indica L. [J]. Trees, 2005, 19(5):564-571.

[29]唐建宁,康建宏,许强,等.秦艽与小秦艽光合日变化的研究[J].西北植物学报,2006,26(4):836-841.

[30]郑淑霞,上官周平.8种阔叶树种叶片气体交换特征和叶绿素荧光特性比较[J].生态学报,2006,26(4):1080-1087.

[31]王润元,杨兴国,赵鸿,等.半干旱雨养区小麦叶片光合生理生态特征及其对环境的响应[J].生态学杂志,2006,25(10):1161-1166.

[32]贺康宁,张光灿,田阳,等.黄土半干旱区集水造林条件下林木生长适宜的土壤水分环境[J].林业科学,2003,39(1):10-16.

第五章　骏枣病虫害防治

　　枣树栽培中加强病虫害防治，对于增强树势，促进坐果十分重要，在果实生长发育过程中，许多病虫害可造成落花落果。枣树常见病害主要有枣疯病、枣锈病、枣炭疽病、枣缩果病等；枣树虫害有枣瘿蚊、枣叶壁虱、红蜘蛛、棉铃虫、桃小食心虫、草履蚧、大球蚧、枣尺蠖、枣黄刺蛾、枣粘虫等。病虫害对枣树为害严重，如不及时防治则对枣园产量造成大量减产；如枣疯病的发生发展足以造成枣园毁灭性危害；枣尺蠖的严重为害不仅当年没有收成，第二年的产量也会受到影响；桃小食心虫为害严重时，虫果率高达90%以上，果实不可食用，收入寥寥无几。

第一节　枣树病害

一、枣锈病

（一）主要症状

　　枣锈病是枣树的主要病害，常发生在华北高温多雨地区。枣锈病主要为害叶片，严重时果实也会发病。初期叶背出现散生的淡绿色小点，以后逐渐变为淡灰褐色，后期病斑突起，呈黄褐色即夏孢子堆，直径约0.5 mm，多发生于主脉两侧、叶尖、叶基，有时成条状，形状不规则，严重时叶表皮破裂，叶片变黄脱落。

（二）致病原因

　　枣锈病的病原物是枣锈病菌，主要通过夏孢子侵染发病。当年生的夏孢子即可借风雨传播随时浸染。所以枣锈病的发生蔓延与当年气候条件直接相关，如果当年雨水多、湿度大、连阴天，则发病早而重，反之发病晚而轻，郁闭的枣园比通风透光良好的枣园发病重。

（三）防治措施

枣锈病的发病时期主要在6月下旬至7月上旬，根据其发病时期喷施杀菌剂，如波尔多液、50%的多菌灵800倍液、50%克菌丹500倍液、50%立得粉剂1000～3000倍液，每20d喷一次均有较好的疗效。

二、枣炭疽病

（一）主要症状

枣炭疽病俗称"烧茄子"病，是枣果实的主要病害，为害果实亦能侵染枣吊、叶片、枣头和枣股。果实染病后，果肩变为淡黄色，进而出现水渍状斑点，并逐渐扩大为不规则黄褐色斑块，中间出现圆形凹陷病斑，严重时扩大成片造成果实早落，果核变黑，病果味苦。

（二）致病原因

枣炭疽病病原为半知菌亚门，炭疽菌属，以菌丝体在残留的枣吊、枣头及枣股和僵果上越冬。分生孢子堆具水溶性粘胶状物质，需在有雨水溶化条件下传播，不能风传，7月份以后开始发病，发病程度与当年雨水多少及树势强弱有关，雨水多、雨水早，即发病早而重，反之则晚而轻。

（三）防治措施

1.清园：冬春季节摘除树上残留的枣吊，集中烧毁或深埋。

2.喷杀菌剂：在菌种传播的前后，抓住关键时期喷杀菌剂，如波尔多液、立得2000倍、多菌灵800倍液等。

3.合理施肥：加强树体管理，增强树势，提高抗病能力。

三、枣疯病

（一）主要症状

枣疯病又名丛枝病，是枣树的一种毁灭性病害。主要表现为丛枝、黄化，花叶根畸形，花梗明显伸长，萼片和花瓣变为小叶，小枝丛生，冬后不落；病枝丛生、纤细、节间缩短、叶小而黄萎，严重时焦黄以致脱落。病枝上果实着色浅，组织松散萎缩变小，果面凹凸不平，呈花脸状。枣树发病后通常由一个或几个枝首先发病进而扩展到全树。外围枝和当年生根蘖等营养生长旺盛部位病症明显。幼树从感病到死亡需1～3年，大树需4～6年。树势强健及选择抗病品种对抗病有利。

（二）致病原因

枣疯病的病原经研究认为是类菌质体的单一浸染，它的类菌原体为MLO，分布于韧皮部筛管和伴胞中，呈不规则球形，堆积成团或成串。枣疯病主要借助于嫁接、修剪、扦插和断根等传播。病原浸入地上部位后首先运输到根部，经过增殖后沿韧皮部运输到生长点部位既而发病。

（三）防治措施

1.对初期感染、病状轻的植株，剪除病枝，剪口应在病枝以下健枝部位，病枝集中烧毁。

2.病势严重的植株要及早刨除，清除根及根蘖苗，集中烧毁，减少菌源传播。

3.防治传毒昆虫，即刺吸式口器的昆虫；注意剪枝剪刀的消毒，以防交叉感染。

4.选择抗病品种及无病毒砧木和穗条嫁接，注意病株、病苗的检查，发现后立即拔除烧毁，把病害控制在幼苗期。

四、枣缩果病

（一）主要症状

枣缩果病是北方枣园的一种严重病害，河南等地发病最为严重。其主要症状可分为5个时期，即晕环、水渍、着色、萎缩、脱落。病菌侵入枣果组织3 d后开始发病，外果皮出现淡黄色晕环，果皮呈水渍状，果肉土黄松软，外皮变成暗红色、无光泽，病区失水萎缩、坏死，果实脱落。

（二）致病原因

该病的发生与该枣园的病虫害防治、当年雨水状况以及品种选育直接相关。枣园虫害严重，尤以刺吸式口器害虫严重者发病较重，大面积治虫的枣区病害较轻。雨水多、空气湿度大、日照偏少的年份发病严重，反之则发病较轻或不发病。

（三）防治措施

1.防治虫害，减少传播媒介。重点防治壁虱、叶蝉、蜡蝉等刺吸式口器昆虫，掌握发病规律，及时喷药防治。一般在果实着色期前后是发病盛期，故此枣果采收前15～21 d是防治缩果病的关键时期。一旦发生全园可喷洒1000万单位的农链霉素2500～3000倍液，每隔10 d喷1次，连喷2～3次即可。

2.选择抗病品种，加强枣园土肥水管理，增强树势，提高抗病能力。

五、枣黑斑病

（一）主要症状

发病初期，枣叶逐渐褪色，有褐色病斑出现在叶片上，病斑形状不规则，随时间推移病斑扩大并连成一片，之后叶片变黄卷曲，并逐渐脱落。果实感染黑斑病，初期有小黑点在果表面形成，随果实体积增加，黑点变大，病斑面积随之增加，最终形成圆形或形状各异的黑色病斑。

（二）致病原因

1.主要由于种植密度过大，株冠通透性变差引起。

2.化学肥料投入过多而有机肥投入少，导致枣树生长发育中必要微量元素缺失，打破了树体营养平衡，树势降弱。

3.遇降雨量多的年份，病情加重。

（三）防治措施

1.建议疏密提干，增加树冠内的通风透光性，遇雨水多的天气，能更大程度减小病菌的滋生空间。

2.避免大量使用赤霉素、膨大素类激素，增施有机肥，减少化肥（氮肥）投入，补充必要微量元素，提高树势，增加树体抗性。

3.采后及时清理园内外的枯枝、枯叶以及落地病果，将其焚烧或掩埋。

4.萌芽前喷石灰：硫黄粉：水按1：2：50比例的石硫合剂，幼果期可用1：2：（180～220）的倍量式波尔多液喷2～3次，即可有效防治该病害的发生及蔓延。

六、枣裂果病

（一）主要症状

果实将近成熟时，果面出现一条或多条纵裂、横裂、T形裂的裂纹，果肉稍外露，易引起炭疽等病原菌侵入，裂口周围变黑，加速果肉腐烂变质，该病是造成果实商品性下降的重要危害因素之一。

（二）致病原因

枣裂果病属生理性病害，发生范围广，主要是幼果发育初期干旱缺水，果实膨大期又高温多雨，加之钙元素不足，造成果实成熟期果皮变薄易裂。

（三）防治措施

1.合理修剪，注重通风透光，以加速果面水滴蒸发。

2.幼果期若干旱少雨应进行适量的灌水补水，以保障果实正常发育的水分需求。

3.果实膨大期喷施1～2次腐殖酸钙、氯化钙、过磷酸钙等利于果实吸收的钙制剂，对该病可以起到有效防治。

第二节　枣树虫害

一、枣瘿蚊

（一）为害特点

枣瘿蚊俗称卷叶蛆、枣蛆，以幼虫为害枣树嫩叶，使被害叶片向叶面纵卷。前期卷叶为紫红色，后期卷叶多为褐绿色，被害叶逐渐枯焦而脱落。

（二）发生规律

枣瘿蚊每年发生5～6代，以幼虫在树下土壤浅处越冬。4月下旬幼虫开始卷叶为害，5月上旬为为害盛期，第一代蛹期6月初，6月上旬羽化成虫。北京地区5～6月份大量发生，为害最重，幼虫10 d左右老熟。8月下旬老熟幼虫开始入土作茧越冬。

（三）防治措施

根据此虫生活习性可进行如下防治措施：

1.8月下旬以前树下覆塑料膜，阻隔幼虫入土越冬。

2.3月下旬以前树下覆塑料膜，阻隔越冬幼虫出土。

3.掌握第一代幼虫为害期，及时喷药，如50%二溴磷乳剂500～1000倍液；灭幼脲三号2000～3000倍液等均有良好效果。

二、枣叶壁虱

（一）为害特点

枣叶壁虱俗称灰叶病、雾病、火龙等。它以成虫、若虫为害枣叶、花、果。被害叶片灰白色；叶肉增厚，变脆，严重时叶表皮细胞环死，失去光合能力，叶卷曲易落，花萼被害后不能开花。

（二）发生规律

枣叶壁虱一年发生3代以上，以成虫或若虫在枣股芽鳞内越冬。此虫一年有3次为害高峰，即4月末、6月下旬、7月中旬，每次持续10～15 d。8月上旬开始转入芽鳞缝隙处越冬。

（三）防治措施

1.冬季人工清除、寻找叶壁虱越冬成虫、若虫。

2.根据其为害的三次高峰进行喷药，80%敌百虫800～1000倍液；1605稀释液2000倍液或25%亚胺硫磷1500～2000倍液。

3.发芽前喷5度石硫合剂，干旱地区结合树下灌水、树上喷水，亦能减轻为害。

三、红蜘蛛

（一）为害特点

以成螨或老螨为害叶片、花蕾。幼树、根蘖苗受害尤为严重，危害时多集中在叶背面主脉两侧刺吸汁液为害。叶片被害后出现淡黄色斑点，并覆盖网粘满尘土，叶片则逐渐焦枯，严重影响产量及品质。

（二）发生规律

红蜘蛛以受精的雄螨在树皮缝内或根际土缝中越冬，翌年春回暖时活动产卵，6月中旬为为害盛期，7～8月泛滥成灾。雨水和田间湿度大对螨虫的生长发育及蔓延有一定的控制作用。9～10月份转枝越冬。

（三）防治方法

枣树萌芽前全园包括地边防护林、围墙喷打5波美度的石硫合剂。至5月中旬及时进行园间害螨调查，当单叶片平均有害螨量4～5头时就要及时做好防治，虫口密度大时需半月喷药一次。可使用25%三唑锡可湿性粉剂1000倍、5%尼索朗乳油2000倍液、73%螨特乳油3000～4000倍液、20%哒螨灵乳油2500倍液、1.8%阿维菌素6000倍液等多种杀螨剂。注意药剂的轮换使用，可延缓叶螨抗药性产生。

四、棉铃虫

（一）为害特点

棉铃虫：又名钻心虫，以幼虫为害枣果果核，常将一棵树多个枣吊上的幼果果核吃掉，将幼果钻蛀成大孔，引起枣果脱落，严重影响红枣产量。

（二）发生规律

一年危害大致有三个时期：6月下旬至7月上旬，7月下旬至8月上旬，8月下旬至9月中旬。

（三）防治方法

成虫发生期用黑光灯、杨树枝把诱杀成虫，化学防治则需要根据虫情调查，当枣树有虫率超过2%时需药剂防治，可用灭杀毙、天王星、灭玲灵等药剂，交替使用。

五、桃小食心虫

（一）为害特点

桃小食心虫一般指桃蛀果蛾，其幼虫蛀蚀果肉并排粪于其中，俗称"豆沙馅"。幼果受害多呈畸形"猴头"，严重影响果实产量及品质。

（二）发生规律

1年发生1代，以老熟幼虫在土中结冬茧越冬，树干周围1 m范围内，3～6 cm以上土层中占绝大多数，一般在6月中旬至7月上旬出土，出土后在土石块或草根旁，1 d即可做成夏茧并在其中化蛹，于7月上旬陆续羽化，至9月上旬结束。羽化交尾后2～3 d产卵，成虫昼伏夜出，无明显趋光性。卵孵化后多自果实中下部蛀入果内，不食果皮，为害20～30 d后老熟脱果，入土结冬茧越冬。

（三）防治措施

1.在越冬幼虫出土盛期的7月份，树冠下培土或覆盖地膜，以防止幼虫出土及羽化为成虫。

2.药剂处理土壤，用25%对硫磷微胶囊或辛硫磷微胶囊加水50倍均匀喷于树冠下，或上述药剂加水5倍拌250倍细土，将毒土均匀撒于树冠下，可取得一定防治效果。

3.常用药剂及浓度：10%天王星2500～3000倍液，30%桃小灵1500～2000倍液，20%灭扫利2000～2500倍液，1.8%阿维虫清2500～3000倍液，2.5%功夫菊酯1500～2000倍液，20%速灭杀丁1500～2000倍液，25%灭幼脲3号1500倍液，20%除虫脲4000～6000倍液等药剂，同时加入农药助剂防治效果更明显。

六、草履蚧

（一）为害特点

草履蚧若虫和雌成虫常成堆聚集在枣树的叶芽、嫩梢、叶片以及枝干上，冬季靠依存于树干皮缝中越冬，吮吸枣树汁液，易造成树势衰弱、枝梢枯萎、发芽迟缓、叶片早落，甚至枝条或整株枯死，造成巨大经济损失。

（二）发生规律

1年发生1代，以卵和初孵若虫在树干基部土壤中越冬。越冬卵于翌年2月上旬到3月上旬孵化，若虫出土后爬上寄主主干，沿树干爬至嫩枝、幼芽等处取食。低龄若虫行动不活泼，喜在树洞或树杈等处隐蔽群居；3月底4月初若虫第一次蜕皮，开始分泌蜡质物；4月下旬至5月上旬雌若虫第三次蜕皮后变为雌成虫，并与羽化的雄成虫交尾；至6月中下旬开始下树，钻入树干周围石块下、土缝等处，分泌白色绵状卵囊，产卵其中，分5～8层100～180粒。

（三）防治方法

草履蚧生活隐蔽，较难防治，只能采取综合防治才能减轻或消除虫害。

1.结合草履蚧生活习性，在冬季、早春的整形修剪过程中，剪除虫枝并集中销毁。

2.可在早春（2月中下旬至3月中旬）在树干环涂宽度为10～20 cm的粘虫胶，阻止若虫上树，定期清理及更换粘虫胶。

3.若已发现上树，应及时用2.5%溴氰菊酯2000倍液或25%蚧虱净800倍液或10%吡虫啉3000倍液喷雾触杀，喷药时间应在3月中旬之前，此时虫体小、体被蜡质层薄，抗药性差。

4.大红瓢虫、红环瓢虫、红点唇瓢虫、鸟类等都是草履蚧的天敌，应减少化学农药使用，充分保护天敌昆虫和鸟类，控制草履蚧危害。

七、大球蚧

（一）为害特点

大球蚧又称为枣大球蚧、梨大球蚧，俗称"蚧壳虫"。属于同翅目蜡蚧科大球蚧属的一种昆虫。该虫害刺吸树体大量汁液，掠夺水分及养分，造成枝条干枯，枝梢、花、叶萎缩，甚至枯死，严重影响果实产量及品质。

（二）发生规律

1年发生1代。以2龄若虫固定在1～2年生枝条上越冬，翌春4月越冬若虫开始活动。4月中下旬为害最烈，4月底至5月初羽化，5月上旬出现卵，10头雌成虫产卵量统计为8000～9000粒。5月底至6月初若虫大量发生，若虫6～9月份在叶面刺吸为害，9月中旬至10月中旬转移回枝条，在枝条上重新固定，进入越冬期。若虫主要沿枣叶3条基脉两侧固定取食，尤以中脉两侧分布最多，若虫出壳在枣树盛花期，6月中旬若虫变为暗棕红色，披少量腊粉，9月中旬开始陆续由叶、果转向1～2年生枝上，寻找适当的部位固定越冬，10月中旬转移结束。

（三）防治措施

1.1～3月、10月下旬～12月，虫态为若虫期。

（1）把好产地检疫关。苗圃苗木在初孵若虫期时，可喷洒50%杀螟松乳油500倍液、15%吡虫啉微胶囊胶悬剂2000倍液。禁止带虫苗木、幼树、接穗出圃或向非发生区调运。

（2）3月下旬，结合树木修剪整形，剪除枯死枝条，集中烧毁，并可对树干喷雾石硫合剂3～5 Be°防治越冬若虫。休眠期防治二龄越冬若虫，可达到预防性效果，控制产卵量。

（3）树体萌动后，在主干或主枝上刮除15～20 cm宽的老皮，用氧化乐果稀释3～5倍液涂抹并用塑料薄膜包扎，3 d后再涂一次，7 d后解膜。此法经济有效，对环境影响较小。

2.4～5月，虫态为若虫、蛹、成虫、卵期。

（1）喷雾防治雌成虫。可喷洒2.5%敌杀死、20%灭扫利乳油2000倍液。

（2）4月下旬雌成虫膨大产卵时，人工摘除，集中深埋或烧毁。用硬物刺破雌虫蚧壳杀死。

3.6～10月中旬，虫态为卵、若虫期。

（1）枣树花期正是若虫孵化期，可用5%来福灵4000倍液或40%氧化乐果1500倍液喷雾。此时初孵若虫容易杀灭。

（2）卵孵化盛期，即可使用80%敌敌畏500倍液和2.5%敌杀死1000倍液喷雾。一种药剂尽量不重用。

4.保护和利用天敌。黑缘红瓢虫和红点唇瓢虫及某些寄生蜂对枣大球蚧有较强的控制作用。

八、枣尺蠖

（一）为害特点

该虫属鳞翅目，尺蛾科。中国南北方枣区普遍发生，以四川、广西、云南、浙江等省受害较重。以幼虫为害枣、苹果、梨的嫩芽、嫩叶及花蕾，虫害严重时，可将枣芽、枣叶及花蕾吃光，不但造成当年绝产，而且影响翌年产量。

（二）发生规律

1年1代，少数个体以蛹滞育2年完成1代，以蛹在树冠下3～20 cm深的土中越冬，近树干基部越冬蛹较多。翌年2月中旬至4月上旬为成虫羽化期，羽化盛期在2月下旬至3月中旬。雌蛾羽化后于傍晚大量出土爬行上树；雄蛾趋光性强，多在下午羽化，出土后爬到树干、主枝阴面静伏，晚间飞翔寻找雌蛾交尾。交尾后3日内大量产卵，每头雌蛾产卵1000～1200粒，卵多产于枝杈粗皮裂缝内，卵期10～25 d。枣芽萌发时幼虫开始孵化，3月下旬至4月上旬为孵化盛期。3～6月为幼虫为害期，4月为害最重。幼虫喜分散活动，爬行迅速并能吐丝下垂借风力转移蔓延，食量随虫龄增长而急剧增大，4月中下旬至6月中旬老熟幼虫入土化蛹。

（三）防治方法

1.阻止雌成虫、幼虫上树，成虫羽化前在树干基部绑15～20 cm宽的塑料薄膜带，环绕树干一周，下缘用土压实，接口处钉牢、上缘涂上粘虫药带，粘虫药剂配制：黄油10份、机油5份、菊酯类药剂1份，充分混合即成。

2.杀卵，在环绕树干的塑料薄膜带下方绑一圈草环，引诱雌蛾产卵其中。自成虫羽化之日起每半月换1次草环，换下后烧掉，如此更换草环3～4次即可。

3.敲树振虫，利用1、2龄幼虫的假死性，可振落幼虫及时消灭。

4.保护天敌，肿跗姬蜂、家蚕追寄蝇和彩艳宽额寄蝇，以枣尺蠖幼虫为寄主，老熟幼虫的寄生率可以达到30%～50%。

九、枣黄刺蛾

（一）为害特点

黄刺蛾为鳞翅目，刺蛾科，幼虫为害叶片，1～2龄幼虫数个或数十个群栖叶背面取食叶片，将叶啃食成网状留下叶片上表皮，使叶片呈现苍白或焦枯状，随着虫龄增加分散取食，将叶片啃食或残缺不全，甚至全叶吃光，留下叶柄，使产量大减。

（二）发生规律

幼虫于10月在树干和枝条处结茧过冬，翌年5月下旬至6月上旬化蛹，6～7月为幼虫期，7月下旬至8月为成虫期，成虫有趋光性，卵产于背面，散产或数十粒成卵块，卵期1周左右，初孵幼虫成群栖于叶片背面，随着长大分散取食，7月中旬，8月下旬为害严重，幼虫共分6龄。9月底老熟幼虫在树上结钙质茧过冬。

（三）防治方法

1.人工及时摘除带虫或虫茧的枝、叶，加以销毁处理。

2.低龄幼虫对药剂敏感，一般触杀剂均有效，可使用90%敌百虫1500倍液、80%敌敌畏乳油1000倍液、50%马拉硫磷乳油2000倍液、25%溴氢菊酯乳油2000倍液等进行叶面喷施防治虫害。

十、枣粘虫

（一）为害特点

枣粘虫又指卷叶蛾、卷叶虫、包叶虫、黏叶虫等，属鳞翅目、小卷叶蛾科，是枣树叶部重要害虫之一。以幼虫为害枣芽、叶、花，并蛀食枣果。枣树展叶时，幼虫吐丝缠缀嫩叶躲在叶内食害叶肉，枣树花期，幼虫钻入花丛中吐丝缠缀花序，食害花蕾，咬断花柄，造成花枯凋落。幼果时，幼虫蛀食枣果，造成幼果大量脱落，若虫害严重，可造成绝收。

（二）发生规律

1年3～5代，地区不同，发生代数不同，均以蛹在枣树主干粗皮裂缝内越冬。翌年3～4月成虫羽化，成虫白天潜伏于枣叶背面或间作物、杂草上，傍晚、黎明活动，交尾产卵，卵多产于1～2年生枝条和枣股上。第一代幼虫期23 d，发生在萌芽展叶期，第二代幼虫期38 d，发生在花期，第三代幼虫期53 d，发生在幼果期。发生5代地区，第4代发生在枣果采收期，第5代发生在落叶前期。该虫多在叶苞内作茧化蛹，越冬代数在树皮缝中化蛹。成虫具有趋光性、趋化性，对性诱剂敏感。枣粘虫的各代发生期受气温影响而有早晚。越冬代成虫羽化比较适宜的温度为16 ℃左右，低于此温度则羽化推迟。雌蛾产卵最适温度为25 ℃，气温在30 ℃以上时不适于产卵，产卵量也相对减少。发生三代地区，以第二代卵量最多，第三代卵量最少。若5～7月阴雨连绵，温湿度较大，则该虫容易暴发。

（三）防治方法

1. 3月上、中旬开始，在枣林间每隔100 m挂一诱捕器，逐日统计诱蛾量，进行幼虫发生期预测，一般成虫发生高峰期与幼虫发生盛期间距16～18 d。

2. 减少越冬虫源，结合枣树冬季管理，刮除老翘树皮并集中烧毁，以消灭越冬蛹，或秋季在主枝基部绑草绳，诱虫在草绳上化蛹，集中烧之。

3. 诱杀成虫，在成虫发生盛期，利用其趋化性和趋光性，用黑光灯、频振式杀虫灯或糖醋液诱杀，也可以用性诱剂对雄虫进行诱杀。

4. 在幼虫发生盛期，树冠喷施4.5%高效氯氰菊酯1000～2000倍液即可有效防治。

5. 保护并利用害虫天敌，以虫治虫。枣粘虫的天敌主要有：松毛虫赤眼蜂、卷叶蛾小姬蜂和姬蜂、白僵菌等。